独处

安顿一个人的时光

[日] 诸富祥彦◎著　范俏莲◎译

孤独の達人

自己を深める心理学

中国人民大学出版社

• 北京 •

图书在版编目（CIP）数据

独处：安顿一个人的时光 /（日）诸富祥彦著；范俏莲译. -- 北京：中国人民大学出版社，2022.1
ISBN 978-7-300-30113-6

Ⅰ. ①独… Ⅱ. ①诸… ②范… Ⅲ. ①人生哲学—通俗读物 Ⅳ. ①B821-49

中国版本图书馆CIP数据核字(2021)第279196号

独处：安顿一个人的时光

[日]诸富祥彦　著

范俏莲　译

Duchu: Andun Yi Ge Ren de Shiguang

出版发行	中国人民大学出版社		
社　　址	北京中关村大街 31 号	**邮政编码**	100080
电　　话	010-62511242（总编室）		010-62511770（质管部）
	010-82501766（邮购部）		010-62514148（门市部）
	010-62515195（发行公司）		010-62515275（盗版举报）
网　　址	http://www.crup.com.cn		
经　　销	新华书店		
印　　刷	北京联兴盛业印刷股份有限公司		
规　　格	130mm×185mm　32 开本	**版　次**	2022 年 1 月第 1 版
印　　张	6　插页 2	**印　次**	2025 年 5 月第 9 次印刷
字　　数	83 000	**定　价**	59.00 元

前言
独处即孤独？

在一生之中，每个人都会有没有伴侣、没有朋友的时候，此时整个人会陷入一种孤独的生活里。

当我们独处时，如果把想法转变成“既然暂时是一个人生活，那不如尽情地去充实它吧”，结果可能就会完全不同。有些人一旦从同伴压力和他人的束缚中解脱出来，也会重新获得自由的感觉。

即使并不是一个人生活，如果能尊重伴侣的生活方式，也能在一定程度上获得自由感。

我们时常渴望拥有自己的时间，远离世间的喧嚣，沉浸在自己的世界里。只有这样，我们才能向内探索真实的自己，与少数人产生深度的联结，从而感知自己的存在。

本书正是为了思考在当下这个时代如何独处，以活出内心充实的人生而写的。

在瞬息万变的世界中，此心安处是吾乡。

目录

第 1 章　拥有自由自在的人生

第 2 章　孤独对现代人的意义

第 3 章　一个人生活的能力

第 8 章 倾听内心的声音

第 9 章 孤独的天才

第1章

拥有自由自在的人生

一个人的时间，也可以是解放身心、享受自由的时间。

三种孤独

所谓“孤独”，大体来说，有三种。

第一种是没有伴侣、没有知己，因缺少必要的联结而感受到的孤独。这并不是一个人自己选择的，而是不容分说地被生活逼到了一种“非选择性孤独”当中。

也许一个人在亲密的人离世以后，一直孤独地在绝望中徘徊；也许一个人被爱人或恋人抛弃，被信赖的人背叛，一个人忍受着孤独。如果一个人持续这样生活下去，那其身心就会慢慢被侵蚀。

在我作为心理治疗师接待的来访者中，有很多人失去了亲人、爱人或恋人，而不知该如何面对这种痛苦，有些人甚至会在咨询室里放声大哭。

这种程度的孤独会对一个人的身心造成巨大的伤害，甚至会剥夺一个人的生命。

在以日本为首的发达国家，“长寿化”加剧了“孤独化”的问题，给人们的身心健康带来了很大的影响。2018 年英国任命了“孤独大臣”，这象征着解决孤独带来的危害已成为一个国家层面的重要课题。某项调查显示，孤独带来的死亡风险是肥胖的两倍，与每天抽 15 根香烟的死亡概率相当。对于配偶依赖程度很高的日本男性来说，这种风险在失去配偶的时候会增高。失去配偶的男性患糖尿病的人数是有配偶者的一到两倍，患肝脏疾病后的死亡率也是有配偶者的八倍。

因此，孤独在每个人的人生中，在不同的国家和社会中，都是需要被解决的问题。在我的临床经验中，与他人的联结和生存意愿之间是相关的。人与人之间的联结会带动一个人积极地活下去。

第二种同样是一个人生活，但是其心理却是“已经是一个人了，那不妨就尽情地享受自己的时间吧”，这是选择性孤独。

在日本，有很多人平时被与工作伙伴、家人、恋人的关系所束缚，而处于同伴压力中。那些因同伴压力大，既希望隐身于芸芸众生中，又渴望有集体归属感的人，难免会身心俱疲。对于这样的人来说，拥有独处的时间，无疑是解放身心、享受自由的珍贵机会。独处的时间，正是自由和解放的时间。

最近在日本兴起了“一人食”热潮。电视剧《孤独的美食家》之所以广受欢迎，也是因为越来越多的人有了这样的想法：一直以来，做任何事都要和他人一起行动，就连想吃什么都不能自己决定，“索性一个人更轻松”！越来越多的女性不再顾忌别人的眼光，一个人去吃烤肉，一个人站着吃荞麦面。这也算得上一种健康的生活！

第三种是远离尘世喧嚣的孤独，一个人在静默中深刻直面自己内心的“存在的孤独”。

我们有时候非常想完全一个人待着，比如去断食道场，一周左右不使用手机，切断与世俗社会的联系，沉浸在自己的世界里。我们去参加心理咨询和心理治疗工作坊等也有相同的意义，就是通过在这种“非日常的空间”里独处，让忙碌的生活得以“暂停”，回归真实的自己。

在这样的场合中，独处就成为紧密联结自己的内在、回归真实自我的探索机会。真正的醍醐灌顶往往出现在一个人安静地面对自己的时候。

一个人不能真实地面对自我，与自我对话，就无法真正地成长。一个人只有与自己的内在深度联结，才能成为真正的自己，探索活出自我的生活方式。

此外，深刻的孤独对于创造来说也是不可或缺的。已有的思维认知的内在部分融合碰撞，可能会衍生出某种新的东西。真正具有创造性的跨越多领域的思想、艺术和科学发明等，都是人在极孤独的状态中创造出来的。

一个人只有在深刻的孤独当中，才能恢复与少数人亲密的深度联结。懂得享受深刻的孤独的人，会尽力避免浅层次的表面联结，而满足于与少数人之间的亲密的深度交流。这是因为一个人只有在极其亲密的深度联结中，才能深化真实的自我，探索自己的内在。

非选择性孤独会让我们陷入困境，选择性孤独会给我们带来自由和解放。重新与自我的内在联结，打开一条通往新的联结的道路，这是一次成为真正的自我的机会。

面对突如其来的生离死别等变故，即便是因为这种非选择性孤独而痛苦至极，如果能在某个时刻改变想法，就会出现不同的结果。孤独就成了和过去的自己告别，诞生出新的自我的契机。

总的来说，只有把这三种孤独分开论述，才能深化关于孤独的讨论。

1. 由于生离死别、失业等，一个人被切断与他人的联系及来自社会的支持而被孤立的心理状态，就是非选择性孤独。

2. 一个人从与他人关系的束缚和同伴压力中解放出来而变得自由自在的心理状态，就是选择性孤独。《孤独的美食家》中的主人公就是如此。

3. 一个人安静地面对自己，和自己的内在深度联结，看到自己内在的“深度孤独”。参加心理咨询和心理治疗工作坊就是和自己的内在深度联结的方式。克尔凯郭尔创造的“单独者”概念中“单独”一词的内涵就是深度孤独。

独处的积极意义和消极意义

如前文所述，一个人独处，根据我们对它采取的不同态度，会产生不同的结果。因为某些事情而不得不面对的独处可能会让人比较愁闷。但如果我们试着重新认识它，它就可能演变出积极的意义。

独处的积极意义是什么呢？独处并不必然让人觉得苦涩，反而更有利于个人自由从容地生活。在本书中，我提倡这种生活方式，能够活出一个人的价值，活出自由舒展的人生。

独处的消极意义又是什么呢？被抛弃或被疏离而变成一个人的独处状态，会对人会产生不好的影响。孤独往往被用来表达消极的意义。

很多人认为，一个人独处，内心就会被空虚席卷，人生或许会走向不好的方向。《洛丽塔》的作者纳博科夫曾说过，空闲时间是让我们做坏事的恶魔时间。

其实评价时间的利用方式如何，要看一个人具体是怎么度过它的。它既可以是恶魔时间，也可以变成非常充实的时间。

也有对孤独有积极评价的文学家。歌德在《浮士德》中写道："回归孤独，在其中会生长出你的世界。"司汤达在《论爱情》中说道："人的所有都是在孤独之中得到的。"美国小说家保罗·奥斯特在《孤独及其所创造的》一书中写道："孤独能激发人类的潜能。"

没有独处的时间，人就会偏离中心

如果没有独处的时间，人就会与自己的内心分离而偏离中心。偏离中心以后，人的内心就会变得支离破碎。从本质上来说，一个人独处的积极意义就在于能够回到自己的内心，和自己的内在联结，不偏离中心地生活下去。

如果一直和他人共处，我们就会慢慢忽略自己的内心，因看不到中心而迷茫彷徨。为了守护自己的内心，不偏离中心，我们就有必要创造独处的时间。

加拿大钢琴家格伦·古尔德曾说过，自己和别人见面以后，要加倍创造独处的时间。

与自己的内在联结

正如前文所说，一个人独处的意义，就是和自己的内在建立联结，守护自己的内心。这就是建立和自己的关系，即“自我关系”。非常深刻地考虑过“自我关系”的人，要首推丹麦思想家索伦·克尔凯郭尔。

他在其所著的《致死的疾病》一书的开头写道：“人是精神。那么，什么是精神？精神是自我。那么，自我又是什么？自我是一种与自身发生的关系与自身的关联，简言之，自我是关系与其自身的关联。”

“关系与其自身的关联”就是指，所谓自我并不是一种静态存在，而是通过不断发现自我，与自己的内在深度联结的一种动态关系。克尔凯郭尔论述的就是随时在变化而不断更新的自我。

也就是说，真正的自我是在和自身不断产生关系的过程中显现出来的。一个人如果只是单纯地观察自己，就不能发现自我。如果和自己的内在分离，一味地顾及别人的目光，就很难和自己建立深刻的联结。探索自我意识的深处，从脑海中不断地拾起思维碎片，可以让真正的自我浮现出来。通过这样面对自己，建立和自己的深度联结，再从内在转变到外在。

如何拥有“深度自我”

拥有“深度自我”需要具备以下四个条件。

第一个条件是停止和他人比较。要想自由而舒展地生活，首先就要停止和他人比较。

如果一直生活在和他人的比较中，就会切断和自己内在的联结，人的内心也会变得非常不自由。停止比较，换句话说，就是不要把竞争当成自己生活的全部。

现代社会竞争激烈，我们很难从工作、升学等竞争里面逃脱出来。一旦把竞争当成了生活的全部，人就会失去自我。如果只把工作作为谋生的手段还好，但如果把自己的价值感建立在与他人的比较之上，那么人就会失去自我。

哲学家海德格尔在其著作《存在与时间》中提到，人类倾向于通过世界了解自己。也就是说，人倾向于通过普遍的价值观来衡量自己。在现代社会，竞争是深入人心的一种价值观。学历就是其中一把标尺，有人就根据上的大学好不好来衡量自己的价值。很多人已经形成了通过和他人比较来衡量自己价值的心理。这样在和他人的比较中生活下去，自我的部分就慢慢缩小了。应该从心底认识到，人生的价值不是通过和他人比较来衡量的，不要在和他人的比较中生活。

第二个条件是充分拥有“一个人的世界”。前文提到过，人会倾向于用熟悉的价值观来衡量自己。要想从这种状态中抽离出来，就要回到一个人的状态。一个人如果没有属于自己的时间，就难以回到自己的内心。

第三个条件是和自己的内在建立联结。一个人即使拥有了属于自己的时间，如果只是沉浸在模糊的、未经实践的想法中，那么也无法拥有真正的自我。应该和自己的内心建立联结，带着自己以后想要怎样生活的想法去生活。

第四个条件是找到某种可以让人达到忘我状态的事情，或者说寻找“人生的使命”“精神的使命”。

人如果只为了自己而活，就会变得空虚。奥地利心理学家维克多·弗兰克尔曾说过，人如果只追求自己的幸福，就永远得不到幸福。人一旦开始只想满足自己的心，就会变得空虚。人如果只做自己想做的事情，就算一时痛快，内心也无法得到满足。一个人只有找到发自内心想去追求的事情并沉浸其中，内心才会有深深的满足感，并且会激发出自己都难以相信的潜能。

内心真正自由地生活

具备了以上四个条件的人的生活方式，就是内心真正自由的生活方式。

不和他人比较，拥有独处的时间，和自己的内心深度联结，沉浸在自己寻找到的某件事情中，达到忘我的状态。如此，一个人就能过上真正充实的生活。

我在本书中介绍了几位独处却很充实的人，他们的共同点就是内心都获得了真正的自由。他们享受着精神上的自由，享受着一个人的生活。这是一种不献媚于他人，不迎合周围人的生活方式。

精神层次高和精神层次低的人

荣格学派心理学家阿诺德·明德尔（Arnold Mindell）曾这样说："如果不对层次加以觉察，那层次高的人就可能对层次低的人施加粗暴的行为。因此，越是层次高的人，越应该对自己所处的层次有觉察。"

在社会上存在很多种层次。比如在经济方面，经济上富裕的人面对经济上贫穷的人，最好带着自己是生活富裕的人的自我觉察去接触对方，不然就会在不经意间忽视对方因贫穷而产生的困窘，做出不合情理的事情。拥有很多财富的人习惯了享受物质富足的生活，就会忘记穷人还处在物质匮乏的状态。

某位艺人曾经说过："人在没钱的时候会感叹要是有一亿元该多好啊！然而一旦真的拥有了一亿元，喜悦的心情最多只能维持一个星期。一个星期以后就会习惯拥有一亿元的状态，觉得这是理所当然的事情。但是对于永远不可能有一亿元的人而言，他们的心情就不好想象了。”这就是经济方面层次高的人的盲点。

社会层次高的人如果不对自己所处的层次有所觉察，也可能会欺压社会层次低的人。比如，上司也许会对部下施加粗暴行为。很多职场人会受到类似“你会失去工作”的恐吓。

日本人对于健康和年龄非常在意，在健康和年龄方面也分出了层次。日本人普遍认为年轻、健康的人有价值，而年迈、不健康的人就没什么价值了。有位女性说，看美国的电影，经常会看到四十岁多的女主人公。然而在日本，电影的女主角一般都是二十几岁，最多三十出头。

日本的文化认为年轻才有价值。健康和年轻是相关的，电视上也经常会播放关于健康的节目。在日本，只要年轻就可以处在人群的高层次中。在这样的环境中，年轻人一旦变得对老年人的感受不敏感，就容易在无形中给对方造成伤害。

在精神层次上，既有精神层次高的人，也有精神层次低的人，两者的区别在于内心是否自由。精神层次高的的人内心就很自由。很多人会感慨，在日常生活中或电视里出现的人怎么可以做到如此自由？能享受独处的人，就是精神上非常自由，精神层次比较高的人。也就是说，能享受一个人生活的人的精神成熟度比较高，他在生活中能达到一种自由舒展的状态，进而达到一种幸福的状态。

内心自由是什么？就是忠于心动的感觉。独处的人都是对心动的感觉非常敏感的人。反之，对自己的心动不敏感的人，是无法享受独处的，在精神层面也不自由。

忠于心动的感觉

忠于心动的感觉，阿诺德·明德尔用“调情”（flirt）一词来表达。“调情”的英语单词原本的意思是“面对诱惑眼睛发光。”

精神上自由的人会认真对待让自己感到心动的东西。比如喜欢佛像的人，会执着地到处看佛像；喜欢铁路的人，会沉迷于观察铁路；喜欢邮筒的人，会环游日本欣赏邮筒。一个人这样顺从自己的内心而生活，才可以获得自由。

从另一个角度看，这就是依循计划行动的人和根据自己的心情行动的人的区别。

比如，在旅行时，有些人如果不按照原本计划好的路线行动就会感到不安。这些人的自由程度是比较低的。

另一些人则可能因为一时兴起，或是因在旅途中遇见了某个人，或因与某人的一次交谈，而不断地改变自己的计划。

人生中要懂得“绕道而行”

在书店里买书和人生的境遇有某种相似性。假如我们在逛书店时遇到了一本自己很喜欢的但并不在购书计划中的书，于是我们只买了计划要买的书便离开了。然而刚离开书店，我们就会觉得还是喜欢那本书，最后还是回到书店买了下来。

在人生中能否达到精神上的自由，用这个例子就可以类比。这不是特意地寻找某个东西，而是跟随自己的内心行动，珍惜人生中那些微小的闪光点。这就是人生中的“绕道而行”。能享受人生在不经意间“绕道而行”的人，是精神层次比较高的人，也是能享受独处的人。

那些在书店只按购书计划买书的人，是对自己的目标非常清晰的人。在十分忙碌的情况下，这样做无可厚非。当下很多人都不去书店，而是直接在手机上下单买书。但是，如果你好不容易去一趟书店，只买计划中的书的话，可能会错过激发自己灵感的新东西。既然难得去趟书店，那么一边寻找计划中的书，一边信手翻阅其他吸引自己的书，不正是拓宽思路的机会么？

如果只按照计划去生活，那么人生道路就会比较窄。能觉察并靠近那些不自觉被吸引的东西很重要。比如，有的人在一家餐厅看到宣传册上的活动，刚开始并不想参加，最后却因为好奇而参加了。这个人说不定就会和邂逅的某个人谈恋爱，可能还会结婚，或者在现场和许久不见的老朋友重逢。

如果不会“绕道而行”，那么人生可能会慢慢变得干涸。一个上班族每日两点一线往返于家和公司之间，但是有一次却突然想绕到平时没走过的路试试。

他在路上发现了一座寺庙，那里正在举办一个关于禅的讲座。从此，在不加班的日子，他就会去那儿参加这类讲座，后来发展成参加各种讲座。慢慢地，他开始觉得“我的人生中真正重要的事情，不正是学习这些讲座中的内容吗”。结果，这个上班族在40岁时剃度出家了。他因为“绕道而行”，遇见了对自己来说真正重要的事情。

我们的人生或许就会豁然开朗。人生的使命和命运的道路在日复一日的琐碎生活中就会变得清晰。

在意的事就要执着到底

在意的事就执着到底，这也是很重要的。

佛教的书籍经常讲到，事物的本质是空，所以不要执着，要懂得放手。我在前文也阐述过，不要固守计划，“绕道而行”去探索也很重要。

但是，如果经常这样做，就有可能会错失重要的东西。一个人在该执着的时候却不执着到底，就会失去自我。在我的心理咨询个案中，有很多来访者因为放弃了一些本该执着的事情，所以人就像失去了灵魂。

我们总会遇到无论如何也不能让步的事情。单纯考虑得失，过于固执往往没什么好处。比如，明明知道和上司对着干肯定没什么用，甚至不会有好果子吃，但还是忍不住对上司说：“不能这样做！公司不正是因为不做这样的事才保住口碑的吗？”

人们经常说，要做个成熟的大人，但这样做会让人感觉心很累。因此，就算会被人说很傻，对于想坚守的东西，也要坚守到底。一个人对于无论如何也不能让步的事情，就要执着到底。保持这样的姿态，对于想获得精神富足的人来说是非常重要的。在珍惜自己人生的选择中，执着会扮演非常重要的角色。

明德尔举过这样一个例子：有个孩子一脸倦容，妈妈就对他说：“不去学校也行，不学习也没事，先好好休息吧。”于是孩子就请假了。但是这个孩子变得越来越没有精神了，越休息反而变得越有气无力。

有一次，明德尔给这个孩子做心理辅导时，他说：“我想学习，妈妈却说‘不用学习，你不是累了吗？那就再休息一下。’”明德尔建议他全力以赴地学习试试。于是他开始认真学习，结果他原来的所有症状都消失了。

人们通常认为压力是不好的，但这种认知是有偏差的。压力太大确实可能导致抑郁，但对于想要坚持的东西就坚持到底，对于想做的事情就全身心投入去做，这种压力可能会让人从抑郁状态中解脱出来。

这一点我们很容易忽视。所谓自由地生活，不仅仅指“随它去”的放手；对于想要坚持的东西坚持到底，也是一种自由。匠人精神就是坚守自己的信念。

面对不同的情况，能“转换内心的频道”很重要。在该坚持到底的时候，就坚持到底；在该随遇而安的时候，就随遇而安。如果可以做到这一点，内心的自由度就会大大提升。

当一个人沉浸在自己的内心世界时，就应该尽情地享受闲适的状态；需要和他人协作的时候，就应该全力以赴去做事。内心真正自由的人，就是可以自由“转换自己内心频道”的人，是可以自由掌控独处的时间和社交时间的人，是可以自由选择坚守或放手的人。

第2章 孤独对现代人的意义

如果越来越多的人选择更加自我的生活方式，社会就会变得更加成熟。

不要盲目追求“标准家庭模式”

我们在本章中将尝试审视现代人的“孤独”。

2015年日本国情调查显示，单身家庭占总户数的34.5%，占比已经超过了总数的1/3，超过了由“夫妻和孩子”组成的家庭。

日本存在一种对“标准家庭模式”的追求，“标准家庭模式”就是夫妻二人加上两个孩子。但真正由夫妻二人和两个孩子组成的家庭能有多少呢？就算有孩子，很多家庭也只有一个孩子。更何况还有很多未婚甚至离婚的人。

根据日本国立社会保障与人口问题研究所的预测，到2035年，日本15岁以上人口中男性有配偶率为55.7%，女性有配偶率为49.3%。女性有配偶率将首次下降到 50% 以下。也就是说，到那时日本每两个人中就有一个人是独身，单身家庭也将占到总户数的四成以上。

在这样的时代里，如果盲目追求“标准家庭模式”，只会让人徒增烦恼。我在做心理咨询时，就遇到过这样的人。他对自己只有一个孩子这件事耿耿于怀：“我家只有一个孩子，他没有兄弟姐妹，等他年老以后只能一个人生活在这个世界上。一想到这儿，我就觉得孩子太可怜了。”

其实没有兄弟姐妹的孩子非常多。2005 年的某项数据显示，虽然有超过半数的夫妻生育了两个孩子（54.0%），但是只生一个孩子的夫妻比例也在不断地增加（18.6%）。

虽然如此，很多日本人对“标准”这件事仍然很在意。

正如前文所述，如果只有一个孩子，有些人就会很自责，因为觉得自己的家庭很可悲，孩子很可怜。但即使有两个孩子，父母齐全的家庭也并不是很多。因此硬要追求所谓的标准家庭模式是不正常的。

有的人担心独处会使人生变得清苦，并且害怕孤独地死去。这是被独自生活是不正常的这种所谓的正常思维束缚的结果。

事实上，单身家庭已经为数不少了，这些人却仍然被所谓的正常思维束缚着。“我是不是就要这样度过不正常的人生了？”他们通过将自己的生活与这种所谓的正常生活相比较，陷入了自我否定中。大家必须从这种所谓的正常思维中解放自己。

独处积极论与消极论的交锋

与此同时，我们可以接触到另一种看法，即很多人认为一个人生活既不愚蠢也不悲惨。

他们认为独处是积极的。他们赞美独身的生活，认为一个人生活轻松自在，不用看别人的脸色。

荒川和久在《超单身社会》一书中提到，在接受社会独身化趋势的基础上，人们需要构建与以往的家庭和公司模式不同的、崭新的人际关系。

但另一方面，认为独处会影响健康，应该更加关注独处的消极一面的观点最近也备受关注。

英国政府于 2018 年设立了“孤独大臣”一职，将解决孤独对健康的消极影响上升为国家层面的一个重要课题。事实上，关于孤独对健康的消极影响的研究不在少数。2017 年，朱利安 · 赫尔德兰斯坦德教授在美国心理学会上就曾发出警示——“世界上许多国家正在蔓延一种‘孤独传染病’”。根据赫尔德兰斯坦德教授 2010 年的调查结果，“有社会关系的人比没有社会关系的人的早死风险要低 50%”。

在日本社会，孤独对健康的消极影响也是无法忽视的。荒川和久对日本 2016 年的人口动态调查数据进行了分析。研究结果显示，这种影响在离婚男性中尤其明显。在所有的死亡原因里，离婚男性因为孤独而罹患病症去世的比例很高。慢性孤独正在侵蚀日本男性的身心健康。为此，冈本纯子在《世界上最孤独的日本大叔》一书中呼吁人们要格外关注这一现象。

在独处积极论与消极论交锋的当下，日本人正在摸索新的生活方式。到底应该如何看待一个人生活的生活方式？日本人正身处迷雾之中。

单人席位的三个积极意义

一种新的文化在年轻群体中诞生了，那就是单人席位。

在大学的学生食堂里设置单人席位引发了热议。简单地说，单人席位就是为独自一人吃饭的人设置的座位。

最早在食堂设置单人席位的大学据说是京都大学，随后越来越多的大学食堂都设置了单人席位，如大东文化大学、神户大学、东京工业大学等。

在我工作的明治大学，实际上类似“单人席位”的座位早在20年前就有了。在东京的御茶水建有供本科三四年级学生住的校舍，叫作“自由塔”。这栋建筑的17楼有学生食堂，那里就有可以看着窗外景色进食的吧台，其实就相当于单人席位。

关于单人席位，有一些人持否定的观点。大学生难道不应该和同伴们在一起吗？和朋友们一边吃饭一边谈论各种各样的话题不才是学生生活吗？20世纪六七十年代的人们尤其这样认为。

我却认为单人席位有以下三个积极意义：

第一，单人席位可以防止大学生不想去学校。现实中确实有交不到朋友的学生，他们在假期过后就可能再也不来学校了。原因之一就是一个人吃饭让他们感到很难过。

“没有可以一起吃饭的朋友的人很可怜”的想法在学生中很常见。一旦没有可以一起吃饭的朋友，学生就会感觉在学校里待不下去，渐渐地就不想再去学校，甚至会退学；就算没到退学的地步，也会因拿不到学分而留级。这对学生和大学而言都不是好事。

既然有学生会因为没有朋友一起吃饭而不想去学校，那就给这样的学生营造一个自己也能安心吃饭的环境。

学校食堂设置单人席位，可以让学生一个人安心吃饭，哪怕只有一个学生因此不再放弃上学，单人席位也是有意义的。

其实在大学的课堂上独坐一处的学生也是很惹眼的。不会维护人际关系的学生有时候会一个人坐在教室的前面，这样就不用和谁打交道了。我觉得一个人认认真真地听课也很好。

对于这些学生来说，单人席位是安心的去处。有了它的存在，交不到朋友的学生也不用自我否定了，会感到独处的想法被认同了。

第二，单人席位对于大学生形成独立思考的能力来说很重要。

交朋友固然重要，学会独立思考，拥有自己的主见则更为重要。

艾丽丝·波尔丁在《孩子孤身一人的时间》一书中指出，人类有某种只有独处时才能形成的内在成长。孩子的成长需要独处。一个人发呆的时光对于孩子内心的成长来说是必要的。

拥有将自我与外界的刺激分离，进而与自我对话的时光；拥有锻炼想象力的时光，对人的内在成长是不可或缺的。现代社会充满了如 Twitter 等各种社交软件的外在刺激。为了获得大家的“点赞”，满足被认可的欲望而沉迷于上网的人不在少数。但是，为了获得内在的成长，就必须把这种外在的刺激剥离，腾出空间，让想象力自由驰骋。

艾丽丝·波尔丁说的虽然是孩子的事情，但我认为它同样适用于大学生。

大学时代就应该张开自由想象之翼。在想象力爆发的过程中，创造力也就诞生了。

人一旦走上社会，就不得不考虑工作业绩，甚至需要看上司的脸色行事。但在学生时代就完全不用考虑这些，可以自由地思考。如此宝贵的时光如果总是和别人在一起，说着“我也是这么想的”，最终只会变成和别人一样的人，我觉得这样很可惜。

第三，单人席位的出现，表明我们身处的社会正在变成一个多样化的社会。与过去相比，大学生生活方式的多样性被逐渐认同。

我今年55岁，上大学是在20世纪80年代，那是一个有着很强的同伴压力的时代。当时的主流观念是交不到朋友的人是可怜且愚蠢的。为了避免给人造成这种印象，有很多学生硬着头皮加入朋友圈，却在其中迷失了自我。

加入朋友圈就一定幸福吗？至少对我来说，感觉很苦恼。总和朋友们在一起，习惯了迎合别人，附和别人。有想自己做的事情，却没有独处的时间。但又不想因为没有朋友被人觉得可怜，只能无奈地继续留在朋友圈中。可能很多人都有过类似的体验。

如今，这种同伴压力已经相对弱化了。学生可以从同伴压力中解放出来，体验多样化的生活。单人席位就是这种变化的表现之一。

现在的大学生，以各种各样的形式体验着一个人的生活。有的大学生一个人能在一周内跑遍各地的神社；也有大学生一个人一连两天去迪士尼乐园玩。

不恋爱的年轻人为什么越来越多

不仅如此，不谈恋爱的年轻人也在增多。

牛洼惠在《不恋爱的年轻人们》一书中指出，现在40多岁的一代人在他们的学生时代，七成都有男女朋友。而现在的大学生有男女朋友的只占三成，七成都没有男女朋友。

其中有男女朋友的很多大学生表示，有男女朋友也成了一种同伴压力。他们因为担心没有男女朋友会被看不起，所以顶不住压力才去谈恋爱的。

当我还是筑波大学的学生时，有一段时间，在我所在的四个人的朋友小团体里，除了我其余三个人都有了女朋友。那时还没有特快列车，交通很不方便，筑波就是一座“陆上孤岛”。两个人一旦成为男女朋友，就总是卿卿我我的。

那时的大学生如果没有男女朋友，会有很强的自卑感。但是有了男女朋友就一定幸福吗？其实是出乎意料地麻烦。与其迁就异性，还不如一个人做自己想做的事。不过一边这么想，一边谈恋爱的人也不在少数。

现在的大学生有男女朋友的只占三成，是少数。

我曾经在课堂上问学生：“有没有对异性完全不关心、不想谈恋爱的人？”不少学生都举手回答道：“我。”我问：“为什么？”他们回答说：“太麻烦了。”

一旦谈恋爱，就不得不在意对方的感受，牺牲自己的部分自由。

与过去相比，网络娱乐方式增加了很多，这也是谈恋爱的年轻人变少的原因之一。在 20 世纪八九十年代，一个人的娱乐方式是有限的。所以人们才会有如果不谈恋爱就会太闲，让人感觉很可怜的想法。但是现在一个人待着也不会闲着，所以不谈恋爱的年轻人越来越多，这也是很自然的事情。

成熟的社会是多元化的社会

谈恋爱的年轻人变少，前文提到过的同伴压力的下降也是原因之一。以前的学生并不一定很想要找男女朋友，而是认为大学生一般都有男女朋友，才选择谈恋爱。这也是被所谓的“正常”思维束缚了。

如今，社会变得多元化了，这种思维已经相对被弱化了。现在大家都认为大学生也可以不谈恋爱，这才是比较健康的想法。

多元化是社会成熟的必要条件。大学生就一定要谈恋爱的想法是非常生硬且不成熟的。从不成熟的想法中逐渐脱离，社会就走向了成熟。

和我的学生时代相比，现在的大学生生活还有一个有意思的变化，即对性不感兴趣的大学生变多了。日本厚生劳动省研究组针对 16~19 岁男性的性关心度的调查结果显示，当这些高中到大学一年级的年轻人被问到“对异性的身体是否感兴趣”时，回答“完全不感兴趣或有厌恶感”的人占了 1/3 以上。

回想自己十几岁的时候，这样的调查结果绝对让人难以置信。我高中和大学一二年级的时候，从早到晚都活在性幻想中。

十几岁的男性对性没有兴趣，不禁让人觉得，这也许是他们的身体在生物学上发生了什么变化。说到生物学上的变化，有研究显示，近 40 年来，欧美男性的精子浓度已经骤减了六成。我不知道这个数据和男性对性的兴趣下降是否有关联。

反之，不承认多元化，认为大家都应该“正常”的文化，就是不成熟的文化。过去的日本就是如此，人们被所谓的“正常”思维束缚着，在无尽的同伴压力下战战兢兢地活着。

一个人在学校食堂吃饭也不可怜。

没有朋友也没关系。

一个人也能体验人生。

年轻人也可以不谈恋爱。

这些想法都是日本人从所谓的“正常”思维的束缚中解放出来，走向思维多元化的表现。

从所谓的“正常”思维束缚中解放出来的人精神健康，活得也自在。而被所谓的“正常”思维所困，战战兢兢地生活人的容易变得心理不健康、郁郁寡欢。

婚姻的形式正在变得多样化

如今，婚姻的形式正在变得多样化。不仅终身不婚的人增多了，而且选择“周末婚”，选择一起生活但不登记结婚的人也在变多。

我和牛洼惠在合著的《“忘年婚”的实质》一书中提到了，相差 20 岁以上的男女相恋结婚的情况有所增多，而且不只有男方年龄比女方大的情侣，女方年龄比男方大的情侣也在变多，甚至有女方年龄比男方大 10 岁以上的情侣。

以艺人为对象的调查显示，离婚率最低的是男方年龄比女方大 12 岁的夫妻和女方年龄比男方大 2.5 岁的夫妻，而离婚率最高的竟然是男方年龄比女方大 5 岁的夫妻。这是因为女性的精神年龄比男性的精神年龄大 10 岁左右，比妻子大 5 岁的丈夫在人格上不如妻子成熟，最终可能走向离婚。

LGBT，即女同性恋、男同性恋、双性恋、跨性别恋者等形式的情侣也在变多。

多样化的婚姻形式正在慢慢被人们接受，这也是日本社会正逐渐走向成熟的表现。

不用交一百个朋友

关于单身的最为消极的观点莫过于之前提到的它对健康有负面影响。但是，其他很多关于独自生活的偏见，我们应该摒弃。这种偏见给人带来了压迫感，使人苦闷。特别是当下很多人对不结婚的人的偏见还根深蒂固。对于三四十岁的女性来说，无论她的工作能力有多强，只要她不结婚、不生孩子，就会招来异样的眼光。

让我们把目光转向孩子。让不想去上学的孩子接受自己是一件很困难的事情。不知道同学会怎样看待自己，担心会被别人认为自己在偷懒因而否定自己，最后上学变得更加困难。陷入这种恶性循环的孩子不在少数。

不过，现在的情况比过去好多了。以前在日本不去上学的情况被称为“拒绝上学症”，更早之前则被叫作“学校恐惧症”。这听起来很像一种病，但实际上它并不是什么病，也不该被当作一种病。自 20 世纪 90 年代日本文部省（现名为文部科学省）提出“不去上学也没关系”的口号以来，不去上学就逐渐不再被当作奇怪的事了。

但这并不能彻底解决孩子和家长的苦恼。认为不去上学会被嘲笑的人仍然为数不少。“没朋友的人是可怜的”这种想法在学生群体中仍然根深蒂固。这种想法表现最强烈的阶段是小学高年级和初中。

有一个初中生问我：“没有朋友就会成为可怜的人吗？”他特别喜欢看书、画画、写文章。他说：“我并不讨厌和朋友在一起，不过有时我会觉得这样是在浪费时间。但是，爸爸妈妈和老师都让我多交朋友。”

我几乎不假思索地回答他：“我觉得一个人做自己喜欢的事也很好。”这很像大人之间的对话，这让我感受到了一种必须肯定他的力量。

“想交朋友却交不到，所以才不想去学校”的情况就是非选择性孤独。

如果能将想法转变为“一个人能过得更充实”，那么同样是独处，它就被赋予了选择性孤独的意义。对于孩子来说，“孤独”的意义就发生了180度的转变。

如今的日本家长仍然认为多交朋友是一件好事，他们觉得在教室里一起吵吵闹闹的才是健康的孩子。这种所谓的“正常”思维的束缚，还在折磨着许多孩子。有一首歌唱道：“上学后能不能交一百个朋友？”我认为这句歌词非常病态。让孩子交一百个朋友，就是让孩子泛泛地与人交往。

对孩子来说，交一百个朋友既不可能，也没必要。家长必须明确地告诉孩子，一个人不需要交一百个朋友。否则，有的孩子会因为觉得自己交不到很多朋友而感到自卑。

来自聊天软件的同伴压力

在日本，因聊天软件上的同伴压力而苦恼的孩子非常多。在聊天软件出现之前，在学校时并不想和他人在一起的孩子，回到家总能从同伴压力中解放出来。

但自从聊天软件出现以后，他们就无时无刻不身处同伴压力之下了。

聊天软件给孩子的朋友关系和生活都带来了很大的影响。孩子们几乎随时都要处理和朋友的关系，失去了可以“逃避”的地方。尤其是对于不擅长处理人际关系的孩子来说，这是相当可怕的。

有一位母亲一提及自己的孩子进浴室洗澡也拿着手机，就连连叹气。

在聊天软件上，有一个所谓的“3 分钟原则”，要是在 3 分钟以内不回复朋友的消息，就会被朋友排挤。所以孩子进卧室、去浴室都不敢把手机放下，就连睡觉也要把手机放在枕头边上，一有消息随时都要回复。这样简直就是以聊天软件为中心在生活。

孩子如果在聊天软件上被排挤了或是在聊天软件上被人说坏话了，就会惴惴不安。作为一所学校的生活指导老师，我也做过初中生的心理咨询工作。孩子们不想去学校有一半是因为聊天软件。

手机上瘾对学习能力也有非常大的影响。九州大学的相关研究显示，学习两个小时、玩四个小时手机的孩子做题的正确率，远远不及学习不到 30 分钟但完全不碰手机的孩子做题的正确率。

染上“手机上瘾症”后，人的睡眠时间肯定会变短。每天睡前玩手机，甚至睡觉也把手机放在枕头边上，结果就是睡眠质量下降，人也容易变得郁郁寡欢。同时，由于注意力一直在手机上面，在学校也不能集中注意力。

生活被手机支配，导致孩子的生活质量正在严重恶化，甚至会导致家庭暴力。孩子总是看手机、玩游戏、不学习，父母因此生气而把手机收回。但是孩子已经上瘾了，因此会向父母发脾气，索要手机。结果父母不想给而在情急之下打孩子的情况越来越多。这样下去，亲子关系就会越来越恶化。

家长们应该好好想一想，给孩子手机是一件好事吗？

聊天软件甚至会把孩子逼到死角。2017 年，日本长野县教育委员会展开了“关于因聊天软件上的霸凌导致自杀”的咨询工作。仅仅两周就接到了比以往一年的咨询量多出两倍以上的咨询需求。

“键盘侠”的行为

众所周知，如今在网络上抨击他人的行为屡见不鲜。比如针对艺人的恋情评头论足，虽然艺人是名人，但其恋爱也是很私人的事情。可是，有很多人还是通过抨击艺人的恋情来获得快感。

在网络上抨击他人的行为，正是人们陈旧价值观的体现。正面驳斥这种行为的人寥寥无几，主要是因为害怕自己也会被人抨击。改变这种现象恐怕很难。

同时，由于担心“如果做了什么就会在网上被人抨击”，所以人们越来越在意他人的目光。社会好不容易有了多元化的趋势，网络却又加强了摧毁多元化的力量。

孤独即个性

如前文所述，接纳多元化的文化是成熟的文化，拒绝多元化的文化是不成熟的文化。

法国是有着多元化文化的国家，在法国同居的情侣很常见，结婚的人却相对较少。而在日本，稍微做点和别人不一样的事情就会被抨击的现象很严重。

现在的日本文化究竟是多元化的还是非多元化的？我想应该是介于二者之间。认可一个人生活，就是多元化的一面；只看到单身的消极影响，就是非多元化的一面。

在晚婚、不婚的趋势扩大，是否结婚已经被认为是个人自由的今天，人们一旦处于所谓正常的生活之外，仍然有被抨击的情况。日本人正站在多元化文化与非多元化文化中间的岔路口。

选择单身，选择一个人生活，其实就是选择做一个有个性的人。当越来越多的人选择更加自我的生活方式时，社会才能变得更加成熟。

多元化的力量积累到一定程度时，一定能扭转社会风向；当人们被鼓励一个人也要自由地生活时，社会文化就会变得更积极向上。

第3章——一个人生活的能力

安排好独处的时间，是创造幸福人生不可或缺的能力。

单身时代的必备能力

从目前的情况来看，今后一个人生活的能力会越来越重要。

一个人生活有三种可能：第一种是终身不婚；第二种是结过婚但经历了离婚或丧偶；第三种是虽然结了婚但两个人尊重对方的生活方式，各过各的。这三种情况都需要一个人具备独自生活的能力。也就是说，无论结不结婚，一个人将生活过得更加充实的能力都变得越来越重要了。

某项调查显示，到 2030 年，日本男性的终身未婚率将达到 29.5%，女性的终身未婚率将达到 22.5%。换句话说，到那时每三个男性就有一个一生都没结过一次婚。将终身未婚率加上离婚率，大致可以推断出，到那时

30~50岁的日本男性的单身比例可能会超过5%甚至6%。

如果还认为“一个人生活无论如何都不会幸福”，那人生可能会面临更大的风险；如果不接受一个人也能度过人生的观点，人生就有可能走向不幸。如果坚持认为不结婚就是不幸，那以后日本一半以上的男性可能都要变成不幸的人了。

2016年，日本Mynavi新闻对250名年轻单身男性进行了调查。当被问到“是否愿意继续单身下去”时，回答“是”的人占总数的72.4%，回答“否”的人占27.6%。

自由是被提及最多的原因。“单身就可以按自己的节奏做自己想做的事情”“有了家庭就不能这么自由地生活了”，出于这样的原因，大多数男性想要继续保持单身状态。

同时，Mynavi新闻也对250名年轻单身女性进行了同样的调查。结果，回答“是”的人占比56.8%，回答

“否”的人占比 43.2%。

想一个人生活下去的女性超过了一半，理由主要也是追求自由，比如“可以做自己想做的事情，不需要看别人的脸色生活”“结婚之后面对的就不仅仅是两个人的关系了，还有大家庭和亲戚的问题，没那么自由”。

关于“单身能否幸福”的大规模调查

曾经有一项关于“单身能否幸福”的调查，是以4000多名新西兰居民为对象进行的横跨22年的大规模追踪调查。该调查将与人相处的方式分为避免意见不一致或发生冲突的回避型，以及强化亲密关系并与他人共同成长的靠近型两种。调查结果显示，回避型的人无论是单身还是有伴侣都很幸福。此前的相关研究认为，比起有伴侣的人，单身的人生活满意度低，或者身心会变得不健康。但这项调查结果表明，如果是回避型的人，单身也可能过得很幸福。

通过此项调查，我们还可以得到这样一个启示：不管是不是单身，幸福的关键在于不要过于依赖他人。

同时，这个大规模调查的报告还提到，在美国单身人群也在不断增加。单身人口的数量已经超过了已婚人口的数量，占全美总人口数的51%，原因主要是离婚率高涨，或者因追求事业而晚婚的人变多了，等等。

通常，人们想当然地认为，已婚而感到不幸福的人的比例肯定高于单身而感到不幸福的人的比例。但此项调查结果显示，有23%的已婚者感到不幸福，有21%的单身者感到不幸福，实际上是差不多的。

有些单身的人想当然地认为结婚就会幸福，但事实并非如此。结婚是和某个人相约共度一生，从某种意义上说，它是人生最大的“赌博”。从理性的角度讲，结婚之后既有可能变得幸福，也有可能变得不幸福。

找不到在一起的理由

有人因找不到和伴侣在一起的理由而感到苦恼，于是来问我："我为什么还要和那个人在一起？"

"当初是因为想和他在一起而结婚的。现在结婚 20 多年了，50 多岁的我不得不重新思考，我为什么要和他在一起这么多年？未来的日子里，我还要继续和他共同生活下去吗？"

找到在一起的理由，无论是对于想结婚还是结了婚打算离婚的人，都是一件必须要做的事。因找不到在一起的理由而使婚姻无法持续的人将越来越多。

新丁克家庭

新丁克这种婚姻形式再度流行。所谓新，就是“两个人搭伙但各过各的”，双方尊重彼此的生活方式，互不干涉。

在20世纪80年代，在我20多岁的时候，丁克一度很流行。所谓丁克，是指夫妻双方都有工作但没有孩子。现在丁克家庭在日本超过360万户，大约是当年的1.7倍。

过去的丁克家庭大多是把工资交给妻子，新丁克家庭则是夫妻双方各管各的钱包。根据《日经流通新闻》对124对20~40岁的丁克夫妻的消费现状的调查，共同负担生活费的夫妻占46%。而1990年的《日经流通新闻》报道显示，在三四十岁的丁克夫妻中，约有60%是丈夫把工资全部交给妻子，然后从妻子那里领取零花钱。各管各的钱包正是这些新丁克家庭和过去的丁克家庭之间最大的不同。

根据 1988 年日本狮王会社对首都圈丁克女性的调查，工作日和丈夫约会的丁克女性占 47.5%。两个人一起旅行是过去的丁克夫妻典型的生活方式。现在的新丁克则大多想要充实个人的时间。这项调查结果还显示，希望“每周至少有一次不带配偶与朋友见面”的人超过了 30%。这是一种虽然结了婚也不会被配偶束缚的生活方式。

这并不是因为两个人关系破裂了，而是自然而然地形成的“两人搭伙但各过各的”婚姻形式。新丁克夫妻把妻子或丈夫看作比任何人都要亲密的“最佳室友”。

据日本国立社会保障与人口问题研究所预测，到 2035 年，仅有夫妻二人的家庭占总家庭户数的比例将会达到 21.2%。新丁克这种“两人搭伙但各过各的”家庭应该也会越来越多。

不要问对方的手机密码

和一个人一起度过一生，这样的婚姻关系既是互相依存，也是互相束缚。

怎样才能实现恰到好处地依赖，又恰到好处地自立呢？这非常值得探讨。

结婚后不过度依赖对方，不影响彼此的独立，不互相束缚，这种意识是非常重要的。

有一次，一位30多岁的女性向我咨询：“一个男人向我求婚了，但是我一个人生活的时间太久了，很享受一个人生活的自由。我觉得结婚是一种束缚，但又害怕单身一辈子。”

我的建议是先提出一个过渡条件，如果对方接受就可以结婚。那就是“两个人一天只有一个小时的时间在客厅共同度过，其余的时间在自己的房间度过”。她接受了我的建议，并逐步适应了正常的婚姻生活，据说现在很幸福。

一直是一个人生活的人突然要和他人共同生活了，精神负担会很大，所以我推荐了“一天只有一小时的婚姻生活”这种方法。这样做能让人消除恐惧，逐渐习惯并适应婚姻生活。不过也有人会想，既然结婚了，那么两个人就应该更亲密一点。但是要记住绝对不能触碰的底线，那就是不要问对方的手机密码。

在现代社会，有人会对伴侣说：“你要是爱我，就把手机密码告诉我。”但是，一旦把自己的手机密码告诉了对方，就好像将自己的精神世界置于对方的监控之下。因此，也不能告诉对方自己的手机密码。

晚年一个人生活也幸福

有一本书叫《晚年还是一个人生活幸福》，它的作者辻川觉志对 460 位 60 岁以上的老人及其家庭的生活满意度进行了调查。

有意思的是，调查结果显示，独居老人对生活的满意度竟然比有伴侣的老人还高。除了有女儿生活在附近的老人的生活满意度稍微高一点，有子女和没有子女的老人的生活满意度基本没有差别。

通过调查家人数量与生活满意度的关系，我们可以得出结论，满意度最高的是一个人生活的家庭，和它不相上下的是四个人以上一起生活的三代同堂的家庭；满意度最低的是两个人生活的家庭；介于中间的是三个人一起生活的家庭。

根据阿德勒心理学的说法，所有的烦恼都是人际关系的烦恼。一个人生活，这种烦恼就会比较少。两个人一起度过老年生活，也许好像互相监视一样。四个人以上的人一起生活，可能会有一种集体生活的感觉。

对于独居老人，我有三个小建议：

第一，年龄大了不要再换生活环境。这一点很重要。老人到不熟悉的环境里生活很容易不幸福，因为突然到不熟悉的地方去生活而变得郁郁寡欢的老人并不少见。

第二，最好有能够信赖的朋友。有几个关系好的朋友，这是拥有美好人生的人的共通点。真正意义上的好朋友不需要太多，两三个就足够，和他们可以敞开心扉说话。即使离得很远，偶尔见面也无妨。当然，如果在身边就有几个平时能打招呼、能互相帮忙的朋友也很好。

第三，一个人生活的满意度高归根结底是因为不需要顾虑家人，能够自由地生活。人只要和他人一起生活，就会对他人产生期待。期待如果没有得到满足，就会变成不满，甚至导致互相伤害。如果一个人生活就不会有期待，那也就不会有这些烦恼了。

不依赖他人而自我满足，这是独居老人能够心态平和地度过每一天的根本原因。

一人食——常夜锅

受电视剧和艺人的影响，“一人食”成了潮流。

真正推动了“一个人吃饭”潮流的是电视剧《孤独的美食家》。《孤独的美食家》的原著作者久住昌之还写了另一本书《一个人喝酒吃饭，享受美味佳肴》。他在书里介绍了几道一个人也能轻松做出来的菜肴，其中我最喜欢的就是常夜锅。他每到冬天都要在家里做这道菜。因为每天晚上都吃不腻，所以起名叫常夜锅。

先在锅里加水，放两片姜，开火。锅里只放卷心菜和五花肉。卷心菜切大块，五花肉如果太大就改刀成小块。水烧开的时候，准备擦好的白萝卜泥。记得要多准备一点，一个人的量差不多是一碗。然后切一根葱的葱白。白萝卜泥加葱白的组合将会大放异彩。调味只需要调味橙醋。简单到不能再简单。

这相当于一个人吃的火锅。辻川觉志果然是“一人食”达人。

独自旅行

日本女演员真锅薰带动了女性独自旅行的风潮。《真锅薰一人游世界》一书讲述了爱好旅行的真锅薰一个人游遍全世界的经历。

对于独自旅行的好处，她总结出了以下四点。

第一，一有假期就可以立刻出门。一个人只要有空闲时间，马上就可以出发。

第二，可以深度体验当地文化。比如在雅典，政府给狗打过疫苗之后才会放到街上，这样一来，街区里的人都可以养狗。知道这种只有当地人才会了解的常识，正是一个人旅行的乐趣。

第三，旅行的日程安排可以自由调整。真锅薰曾经花三个小时换乘公共交通，就是为了去一家芝士店。如果不是一个人旅行，这就很难实现。

第四，能尽情享受沿途的风景。一个人独自旅行不需要总是制定详细的日程安排，可以走走停停，慢慢享受。比如她有一次去洛杉矶，得知有一处残存西部风情的老街区，于是马上跑到那里去参观。一个人旅行不需要顾虑别人，想到什么就可以立刻去做。

对于一个人旅行犹豫不决的人，看了真锅薰的书也许会转变想法。

以一个人生活为基础建立联结

如今这个时代，个体的力量正在变得日益重要。

教育不是把教材上的东西灌输到学生的头脑中，而是培养人拥有获得幸福的能力和素质。过去的社会注重沟通协作能力，而今的社会强调个体的力量。能否安排好一个人独处的时间，有意义地度过它，将成为创造幸福人生不可或缺的能力。

虽然说要学会一个人生活，但并不是说与他人的联系就不重要了。以一个人生活为基础，逐渐建立与他人的联结，自然地融入群体，这才是现代的生活方式。这也是本书提倡的独处的生活方式。

以一个人生活为基础，慢慢地建立与他人的联结。这样既有不被他人束缚的自由，又有与他人深度交流的机会。

与他人建立联结的过程，其实是一种分享的过程，即与他人分享自己的时间，共同度过。这种生活方式在单身家庭数量日渐庞大的现代社会中将会越来越常见。

第4章 — 活出真正的自我

比起获得他人的认可，人更应该自己认可自己的价值。

适时放弃，适度努力

不懂得享受独处生活的人是与自己的内心分离，偏离了中心的人。这样的人会因不能活成自己的样子而感到痛苦。

人为什么不能活出自我呢？归根结底在于其内心不够成熟，在意周围的目光，在意他人的看法，无法享受独处，并为这种苦恼所困扰。

如果从依恋障碍的角度来解释，那内心不成熟是指什么样的状态呢？心智成熟的人会这样思考问题：别人不理解自己很正常，懂我的人懂我就够了。心智不成熟的人则是追求“全能感”的人。一旦有什么事情没有顺着自己的心意发展，就会感到心神不宁。

这种情况尤其在读书人、上进心强的人身上比较常见。他们很容易陷入不断的自我否定中。他们学得越多，就越发现自己是多么地不成熟。他们因为不能停止追求全能感而感到苦闷。

有一个上进心特别强的人跟我说过一句话“在我心里总是有无限的台阶”，这句话让我印象深刻。他一直非常努力，有一天觉得自己终于爬上了最高的台阶，结果一抬头发现还有很多台阶，于是就朝着终点继续努力。如此循环往复。

或许在别人看来，他已经非常优秀了。但是在他的心里，人生充满了无限的台阶，无论前进了多少步，他总觉得还是不行。正是因为这种追求“全能感”的心理，他人才会不断陷入自我否定中。

在日语中，“放弃”一词的词源是佛教用语中的“谛念”一词，意思是“看清楚”。如果认清人生的现实，接受我就是这个样子，那苦闷也就会大大减轻。

在心里预设一个“非此不可”的目标，然后陷入自我否定的恶性循环，这是心智不成熟的表现。学会换个想法，比如“即使还没到达终点，也一直是在进步”，人就可以走出这种恶性循环。

人也不能完全没有上进心。正因为有上进心，人才会对自己吹毛求疵，最终坚持做到自己想做的事。

一个人懂得适时放弃，适度努力，才是成熟的表现。

成熟就是不苛求他人的理解

同样的道理在与他人相处中也很适用。追求全能感的人会有一种思维定式，觉得只要我努力，大家就会理解我。

只要努力就会被理解，这种想法是很大的误解。

努力不一定会被理解，这才是人生的常态。比如，我非常努力写出了这本书，希望大卖，但实际却有可能滞销。反之，粗制滥造的书反而有可能大卖。

觉得只要努力就应该被肯定的人，还没有认清人生的现实。记住，努力了不一定成功，不努力结果反而有可能超出预期。

人生没有一定之规，认识到这一点是很重要的。越是强烈地希望他人理解自己，就越是心智不成熟。

反思一下自己，如果别人不理解你，你就会感到不安吗？如果没有得到正确的评价，你就会感到不被尊重吗？如果是这样，那你就是内心容易动摇、容易被影响的人。

真正的成熟是不苛求他人的理解。一个人无论能否被理解，都要坚持认真地生活，这样才是一个成熟的人。只有得到期待的回应才能感受到自我的价值，这是孩子的心态。就像我们小时候，通过努力得到了爸爸妈妈的表扬，才会感受到自己存在的意义。

其实，希望得到理解是一种被认可的需要。如果因被认可的需要得到满足与否，而动摇自我价值感，则是不够成熟的表现。

社交媒体放大了现代人被认可的欲望

现代社会因为被认可的欲望得不到满足而苦恼的人在不断增加。各种社交媒体放大了现代人被认可的欲望。

本质上，被认可是人的一种心理需求，可以促进人的发展。看看小孩子就知道了，他们为了获得他人的认可，特别是年纪比自己大的人的认可，在多么努力地成长！

通过在社交媒体上获得“点赞”，现代人被认可的欲望不断地被放大。沉浸在信息停留短暂且圈子相对封闭的网络世界里，现代人的上进心会不断下降。而在传统社会，人需要凭借上进心，长期努力和不断成长才能获得社会的认可。

现在很多人通过在社交媒体上获得朋友的“点赞”，

来得到自我存在的价值感。有的人甚至连被点赞了几次都非常在意。

有一个 20 多岁的女性说，她已经非常厌烦使用社交媒体了。她不明白别人为什么会如此想在社交媒体上获得“点赞”，还为此沾沾自喜。

她为什么会开始厌烦社交媒体呢？可能是因为看到了人逐渐被这种欲望占领的后果。急切地希望被人看到，露骨地乞求他人的关注，这样的表现会让他人感到不悦。这种现象在分析心理学中被称为“阴影”。荣格认为“每个人都有阴影，而且它在个体的意识生活中具体表达得越少，就越黑暗、越密集”。如果我们通过他人的行为能看到其内心的“阴影”，那我们就会厌恶这个人。

不要刻意获得他人认可

人成熟以后，不需要刻意获得他人的认可，自己就能确立自我价值感。这种心理在美国心理学家亚伯拉罕·马斯洛提出的人类需求层次理论中有所论述。

该理论认为，人的需求分为五个层次，由低到高逐级形成并得到满足。第一个层次的是生理需求，指吃饭、睡觉等生存基本需求。当生理需求得到满足后，人就产生了第二个层次的安全需求，指人对安全、秩序的需求以及对免除恐惧、痛苦的需求。

第三个层次的需求是爱与归属的需求，指和他人建立情感联结的需求，和归属于某一群体的需求。前几个层次的需求相对来说比较容易满足。

第四个层次的需求是尊重需求，是较高层次的需求。马斯洛认为尊重的需求或者说被认可的需求分为两个阶段：第一是从他人处获得认可，是相对低级的满足；第二是人对自我价值的认可，是相对高级的满足。

第五个层次的需求，也是最高层次的需求，即自我实现的需求。

如果被他人认可的欲望在现实中得不到充分满足，那它在社交媒体上就会不断膨胀。人们会因陷入这种欲望而苦闷迷茫。其实只要了解一下马斯洛的需求层次理论，就会知道，比起获得他人的认可，更应该自己认可自己的价值，形成自尊的心理。只有这样，才能最终完成自我实现。

被认可的需求得到充分满足的途径是自我价值感的确立。如果被他人认可的欲望得不到满足，自我价值感就会很低，是心智不成熟的表现。

成年人应该清楚地认识到，获得别人的认可对于确立自我价值感固然是不可或缺的，但能不能建立自我认同感更重要。一个人只有认识到这一点，才能不怕孤独，真正成熟。

失爱恐惧

总担心得不到他人的认可，就是处于一种失爱恐惧的状态。在这种状态下，人会被“如果被人讨厌就不好了”或者“如果不被周围的人认可就完了”这种不安的心情困住。

对此，艺人应该深有体会。由于工作性质，他们经常会被人评头论足，而这些评价给他们带来了直接的影响。这种职业如果没有失爱恐惧，那反倒奇怪了。

不过，一个人如果失爱恐惧过于强烈，就会让自己一直处于压力爆棚的状态，整日担心是否被别人认可，而战战兢兢地活着。

作为艺人，无论是否被认可，或者说是否已经“火”了，都不会动摇自信心，才是一种心智成熟的状态。即使是一直没有“红”的艺人，如果能认清自己在工作中不可替代的价值，那么就不会因为失爱恐惧而患得患失了。

整天处于失爱恐惧状态的人很难得到幸福。他们往往无法忍受独处，如果不和朋友们在一起，或者不被人追捧就会感到不安。对这样的人来说，从失爱恐惧中解脱出来是非常必要的。

不怕独处的人内心十分清楚，人终归是不能相互理解的。他们已经做好了这样的心理准备去生活。一个人的心理成熟体现在如果他人对自己有一点点理解，那就足够了。

我自己也做好了这种心理准备。虽然在内心深处我希望有人理解我，但如果得不到理解，也会从容面对。一个人只有做好这样的心理准备，才能从失爱恐惧中获得解放，享受独处的自由。

成为真正的自己

20 世纪 60 年代到 80 年代，美国出现了人类潜能运动。时至今日，以这一运动为起点兴起的“成为真正的自己”的心理治疗依然在全世界范围内被采用。

这一运动的目标是活出自我，成为真正的自己。这与本书的主题——在真正意义上达到深层次的孤独是相似的。

在日本，人本主义心理学曾风靡一时。有人说，日本人和美国人不一样，美国人奉行个人主义，日本人注重集体主义，所以日本人更在意别人的目光。这其实是一种典型的思维定式。以我个人的经验来说，美国人也有很多人一跟别人说话就紧张，很在意别人对自己的看法。

在美国，人本主义心理学也一度非常流行。这个理论主张活出真正的自我。当时有些美国人正处于丧失自我的状态中，担心不能满足别人对自己的期待而苦恼。他们非常想从这种状态中逃离出来，所以想要活出真正的自我。

人本主义心理学创始人是亚伯拉罕·马斯洛，就是提出人类需求层次理论的心理学家。建立了人本主义心理学理论基础的马斯洛，以心理咨询闻名的卡尔·罗杰斯和他的弟子——创立了聚焦理论的尤金·简德林，还有创立了格式塔疗法的弗雷德里克·皮尔斯等人都支持人类潜能运动。

创立了格式塔治疗法的弗雷德里克·皮尔斯创作过一首名为《格式塔祈祷》的诗，打动了很多人。其内容如下：

我过我的人生，你过你的人生。

我来到世间，不是为了满足你的期待。

你来到世间，也并不是为了符合我的期望。

你就是你，我就是我。

如果我们有缘相遇，感谢上苍。

若是我们擦肩而过，顺其自然。

许多人一遍又一遍地阅读这首诗，在其中找回了自我。

通过跟自己对话而改变自我状态的代表方法，是美国心理学家阿尔伯特·艾利斯提出的理性情绪疗法，又被称为 ABCDE 理论。A 是“activating events”，指发生的事情；B 是“belief”，指人们所持的观念或信念；C 是“consequence”，指人们的情绪和行为反应的结果。

举例来说，有一个人被心爱的女友甩了，这是 A；这个人觉得“我活着还有什么价值”，这是 C。人们一般认为是 A 导致了 C。

ABCDE 理论则认为，在 A 和 C 中间还存在一个 B，即观念或信念，对事件不同的接受方式可以改变事情的结果。

“如果没有得到喜欢的女性的爱，一生都是不幸的”，一个人如果带着这种看法去看待失恋，自然会陷入消沉。如此极端，是不是误入歧途了？这种误入歧途的思维被阿尔伯特·艾利斯称为“非理性信念”（irrational belief），即每个人思考过程中的一些非理性的想法。

ABCDE 理论旨在让自己主动驳倒这种想法。D 是“dispute”，指驳斥；E 是“effect”，指效果。通过 D，即驳斥自己误入歧途的思维 B，达到 E，即改变人们的行为结果。

要驳倒“人生的价值是由恋爱决定的”这种“非理性信念”，就要明白无论别人爱不爱我，我都有自己的存在价值。这一理论就是提倡通过改变自己接受世界的方法而获得幸福。

新型抑郁症

在当下二三十岁的人中，有一种新型抑郁症正在悄然蔓延。这是一种现代人的精神疾病。

传统抑郁症表现为：人会陷入严重的消沉，不能好好睡觉，并且会不断地责备自己“都是我的责任”，从而使内心的力量枯竭。

比起传统抑郁症，新型抑郁症是先责备他人。比如面对工作中的问题先抱怨上司“我没有干劲都怪上司没有好好了解我的实力”，然后从此就不再上班。

究其原因，现在二三十岁的人是在周围人的充分理解下成长起来的一代人，所以他们会认为“上司理解我是理所应当的”。

在旁人看来，这是把责任推卸给别人，自己想要偷懒的表现。新型抑郁症究竟算不算一种病呢？现在尚在争议之中。有人认为，从人确实变得没有工作干劲来看，它并不是懒惰那么简单，需要加以治疗。也有人认为，如果因为这种情况而治疗的人越来越多，那以后年轻人工作一不顺利就全推到上司身上，这样下去怎么得了！

我认为，新型抑郁症的本质是得不到他人的肯定而感到空虚。年轻人为了将自己从这种空虚中转移出去，甚至会把下班以后和休息日的时间安排得很忙碌。

新型抑郁症的增多直接反映了一个令人担忧的现状，现代人得不到他人认可就无法保持自我价值感，变得不再那么上进了。

第5章 —— 摆脱依恋障碍

重新选择一种『我想活成这样』的生活方式吧！

形成“内心的基石”

近年来，依恋障碍的问题被广泛讨论。每当这种讨论兴起时，便会有人自我怀疑：“莫非我也有依恋障碍，所以才活得这么累？”

虽然实际上有这种病症的人并不多，但借机关注一下自己内心的倾向，也并不是毫无意义的。

依恋障碍是指因为与以母亲为首的抚养人之间没能形成依恋关系，所以在情绪上或是与他人的关系上发生了扭曲。

“依恋”这个概念起源于英国心理学家约翰·鲍尔比根据奥地利动物行为学家康拉德·洛伦兹的学说创立的依恋理论。

动物行为学中有一种“印刻”现象。雏鸟一旦认定“它是我的抚养人”，就会跟在其屁股后面，这就叫“印刻效应”。同样的理论也适用于人类的孩童，这就是鲍尔比的“依恋理论”。

人类出生后数周时间，就渐渐开始区分自己的主要抚养人和非主要抚养人。半岁的婴儿就能完全区分出二者。在大多数情况下，主要抚养人指母亲。如果是单身父亲抚养孩子，这一角色就是父亲。如果孩子很小就去了托儿所，这一角色则还包含托儿所的托育人员。

如果孩子认定一个人是陌生人，就会认生；而见到主要抚养人，孩子就会黏着对方，对其撒娇。这一理论认为，这是因为抚养人成了孩子心灵的“安全基地”。

孩子回到心灵的“安全基地”，就能心安。如果鼓起勇气找小朋友玩却被欺负了，孩子就会哇哇大哭着回到心灵的“安全基地”——妈妈那里。

在成长过程中，孩子逐渐开始接触除爸爸妈妈以外的人。当他们感到害怕的时候，就会回到心灵的“安全基地”确认安全感。经过这个过程，孩子就能形成“内心的基石”。这个阶段大概是在孩子六个月大到两三岁的时候完成。

因为不断从父母那里得到爱，所以渐渐形成了“我是被爱着的人”“我是幸福的人”的自我肯定的基础。人们常说“三岁看大”，从这个角度来说也是如此。

回避型的抑制性依恋障碍

如果一个人童年没有安全感，又会怎么样？如果一个孩子从小就被父母指责“你为什么是这个样子”，而战战兢兢地度过了童年，那孩子就会时常陷入恐惧之中，进入一种不得不自我保护的警戒状态。

在这种状态下长大的孩子，会变成什么样呢？第一种可能就是陷入一种回避型的抑制性依恋障碍。也就是说，他会变得想要竭力回避他人或风险。

例如，有一个5岁的小男孩正雄，他的妈妈总是沉溺于手机游戏而忽视他。正雄为了自我保护，逐渐适应了被忽视。当妈妈到幼儿园去接他的时候，虽然听到有人喊“正雄”，但他还是接着自己玩，假装听不见妈妈的呼唤。这样持续下去就会形成回避型人格。

回避型人格的人不擅长和他人保持密切的关系。很多人甚至是无意识地变成了回避将内心向他人敞开的人。比如，在和异性交往的时候，虽然真心喜欢对方，但如果面临要和对方发展成某种更加亲密的关系时，就会立刻抽身而退。

冲动型的脱抑制性依恋障碍

第二种可能是陷入冲动型的脱抑制性依恋障碍。在小时候，这样的孩子妈妈到幼儿园接他的时候，他可能会大声叫嚷：“为什么不早点来接我？”他们在小时候可能就不太认生，长大后也很容易发脾气、攻击别人。

为什么会变成这样呢？多半因为在孩子小时候，妈妈总是暴躁易怒，由着自己的性子朝孩子发脾气或是忽视孩子。孩子不知如何是好，不能在抚养人身上获得安全感，因此会变得谁都能亲近。这也是一种依恋障碍。

可以反思自己身上有没有这样的倾向，但不能生搬硬套。有一些了解了依恋障碍理论的人，本来没什么问题，可能也会想“我小时候也没有得到足够的爱，我可能也有依恋障碍”或者“我可能就是因为依恋障碍，所以不能和别人交心”。应当充分注意这种思维陷阱。

无法结婚的真正原因

我在给回避型的人做恋爱咨询时发现，很多人如果喜欢上对方，反而会主动跟对方分手。他们的理由是正是因为喜欢，如果被甩了，会更伤心。

有的人想结婚，但是如果和异性有了某种程度以上的亲密关系，就会找个理由分手。其实这是在下意识地回避结婚的风险。

结婚的风险是指结婚后自己的人生将会被极大地影响。害怕这一风险的人就会避免与他人变得亲密。

这种类型的人中有相当一部分是在童年形成了回避型人格，长大后也依然延续了这种状态。这就是他们虽然想结婚但无法结婚的真正原因。

无法和他人建立深层次的关系

与之相反，有脱抑制性依恋障碍的人会在还没了解对方是否值得信赖之前就靠近对方。这样的人即使被暴力对待，也可能会一直选择原谅对方。从表面上看，他们好像很容易进入别人的内心，但其实他们并不擅长和他人建立真正深入的关系。

这种人在恋爱里会被认为是轻佻的人，常常会被当成备胎。

人生要懂得如何恰到好处地冒险，又要懂得如何恰到好处地保护自己。有依恋障碍的人要么很容易陷入自我保护中不能结婚，要么会毫无防备地坠入爱河但又无法发展成更为深入稳定的关系。在工作中也是一样，他们要么总图安定不想冒险，要么一直冒险不懂得小心谨慎。

如何改变依恋障碍

我在一次心理学学会上提问道："觉得自己属于其中一种类型的，请举手。"结果有 80% 的观众都举了手。

了解依恋障碍理论，有助于我们加深对自己的人格类型的理解，思考自己是避免与他人过于亲密，把自己封闭在内心茧房里的类型，还是无所顾忌地追求感情的类型。更重要的是，要明白如何处理自己已经形成的依恋障碍。

有人问我："我今年已经 40 岁了，不能回到小时候了，怎么改变依恋障碍？"他说在书上看到"如果找不到相爱一生的人，就永远都有依恋障碍"。事实并非如此。

第一，要了解自己的人格类型，看看自己是避免与他人变得亲密的回避型人格，还是喜欢无所顾忌地追求感情的冲动型人格。

第二，要意识到选择某种人格类型的好处。阿德勒说过，人在无意识中选择的人生轨迹是带有目的的。选择回避型的人格类型有什么好处呢？就是不用冒风险，可以安稳地生活，避免因和不合适的人关系太亲近而吃亏。选择冲动型的人格类型有什么好处呢？就是能与他人十分亲近，获得心动的感觉，但也可能被对方提出断绝关系。

第三，要爱自己。六岁的小孩如果得不到父母的爱就不会幸福。成年人与小孩不同，成年人靠自己就能幸福。成年人能够自己爱自己。

第四，要持续体验能够深度交流的人际关系。对象可以是配偶、恋人或者朋友。建立一种持续的关系，可以让你觉得“和这个人在一起很安心”。一次次地体验这种感受就有可能改变自己的状态。

第五，可以重新选择自己的生活方式。改变自己无意识中选择的生活方式："我的人生的主人公是我自己。""我可以把控自己生活的风险，可以把与他人的相遇作为契机打开心扉。"生活可以通过选择重来，阿德勒的心理学学说和弗兰克尔的心理学学说都强调了这一点。重新选择一种"我想活成这样"的生活方式吧！

第6章 —— 今生且独行

在『深层时间』中感受时光静静流淌，发现生命中更为珍贵的东西。

克尔凯郭尔的“孤独个体”概念

在日本“孤独死”的问题比较严重，一个人生活并孤独地死去看起来十分悲惨。但今后单身的人必然越来越多。一个人孤独地离世，也可以是一种有尊严的终结。一个人难道没有权利带着骄傲和尊严独自生存并独自面对死亡吗?

我读研的时候，曾经对克尔凯郭尔的文章十分着迷，他提出了“孤独个体”的概念。他是一位丹麦哲学家，曾和尼采共同缔造了存在主义思想。

克尔凯郭尔的一生正是孤独个体的写照。克尔凯郭尔曾经和一位名叫雷吉娜的姑娘坠入爱河，并定下婚约。之后他突然和对方说“我已许身于神”，于是解除了婚约。他终身未娶，一个人走完了短短 42 年的人生。

日本净土真宗的亲鸾法师和他的思想有不少相似之处。净土真宗讲究“恶人正机说”，这一理论是指人在对自己的罪恶深刻反思后方能得到救赎。

克尔凯郭尔同样倡导自悟。他认为，“人应该充分认识到自己陷入的绝望到底有多深，并达到自悟。只有这样，人才能实现真正的信仰。绝望的尽头才是上帝与真理的所在”。

克尔凯郭尔还表示，人要独自站在上帝面前。以孤独个体的身份，直接和上帝对话。只有这样，人才能成为真正的人。

尼采是一位无神论者，克尔凯郭尔却笃信上帝。但他们都强调，人要对自己忠诚。之所以尼采、克尔凯郭尔和亲鸾法师的思想能让人们产生共鸣，归根结底在于他们都要求人诚实地面对自己。

成为孤独个体的条件

那么我们怎样才能成为一个孤独个体呢？

首先，也是最重要的一点，就是不再去讨好别人。你要活出自己的人生，要自己为自己抗争；只要你有这种觉悟，这份决心，就一定能活出自我。

其次，走自己选择的道路。克尔凯郭尔在《非此即彼》中曾经说过，选择什么并不重要，重要的是认真做出自己的选择。

如果不是发自内心的选择，最终其实根本就没有做出任何选择。如果一个人不能发自内心地做选择，最后就可能在浑然不觉中走向失败。这就是克尔凯郭尔所说的“左右游移”的状态。

不论是恋爱还是做学问，都离不开这个道理。假如你对地理感兴趣，又喜欢历史，还关心哲学，恰巧你又是那种对什么都浅尝辄止的人，那么你哪科都学不好。你最终也找不到愿意奉献一生去研究的学科。只有真正下定决心，比如学哲学，然后努力钻研，才能知道自己是不是真的适合。有时你必须破釜沉舟，这才是认真生活的态度。

恋爱也是如此。有人会觉得“我喜欢她，但又想和另一个人保持着关系”，因此难以决断。其实是因为他害怕被人甩掉，才总想找“备胎”。

人一旦陷入这种状态，就根本搞不清自己到底爱谁。

再次，成为“孤独个体”的条件是要诚实地面对自己。不强求他人理解自己，而应该自己接受自己，重视自己的感受。

最后，和能深度交流的朋友交往。泛泛之交再多，也不如有几个推心置腹的朋友。

进入深层时间

孤独个体的生活就是在生活中感受时间的涓涓细流。如何感受时间的涓涓细流呢？那就是将自己置身于一个能够隔绝一切外界刺激的环境，度过专属于自己的时光。如果说在人群中的时间是表层时间，那么独处静思的时间就是深层时间。这是一种回归内心，任时间缓缓流淌的体验。

表层时间是时钟显示的时间，比如我正在写稿，现在是6:13分。如果没有表层时间，人就会脱离现实生活。

除了表层时间，我们还能感受到另一种时间的存在。当我们回归内心，忘我地投入一件事的时候，就会发现“时间的流动速度发生了变化”。我写文章的时候经常能达到这种忘我状态。我时常觉得只是过了一小会儿，等回过神来才发现已经过去大半天了。

穿越表层时间，另一个维度的时间便开始流动。这就是所谓的主观感受的时间，即深层时间。

孤独个体的生活方式就是让表层时间静止，让深层时间流动，从而感受时间缓缓地流过指尖。

蒙田在《随想录》里说道：“我们都是为了自己而生活，为了得到完全的自由，必须守住那个能够让你远离人群的小茅屋。只有在那里，你才能找到真正的孤独和自由。”

存在主义心理学家克拉克·莫斯塔克斯也有类似的看法：

当一个人不断地追求安全感，巩固地位，把生活固化时，便会感受到强烈的不安。这时他/她更应该独处静思，思考生活的本质，品味生命中的美好。只有这样，他/她才能寻找到新的生活意义和生活方向，从而发现生命中更为珍贵的东西。

如果你感到周围的世界冰冷且毫无意义，或者被生活吞没，苦于迎来送往，那你可以让自己陷入孤独，回归真正的自我。清高孤寂、遗世独立的人在现代社会中往往会被当作异类。但他们是能够和自己对话的人，从这个意义上说，他们才是纯粹的人。

进入深层时间的孤独个体的状态属于深层次的孤独。

现实中，当我们处于表层时间的状态时，我们会想起和他人发生的故事，想到自己的过去与未来。而一旦达到深层次的孤独状态，我们会在一瞬间进入自己的内心深处。

深层次的孤独才是有实在意义的孤独。莫斯塔克斯认为，所谓有实在意义的孤独就是“生于世间，奋斗一生，最后独自直面死亡的本质的孤独”。

莫斯塔克斯为我们列举了一些“孤独个体”的代表人物：

笛卡尔、牛顿、洛克、帕斯卡尔、斯宾诺莎、康德、莱布尼茨、叔本华、尼采、克尔凯郭尔、维特根斯坦……这些天才哲学家们都终身未婚，一生与孤独为伴。如果他们把更多的时间花在和家人的相处上，恐怕就不能在自己的精神世界里畅游了。

每天 5 分钟，独处静思

尼采在《人性的，太人性的》一书中说道，如果一个人一天之中 2/3 的时间都不能花在自己身上，那他就谈不上真正的自由，他就是精神上的奴隶。

如何才能摆脱“精神上的奴隶”的状态呢？

我们可以每天花 5 分钟来独处静思。不管是早上还是晚上，只要有一段面对自己的时光就好。每天临睡前我都会用 5 分钟时间来思考“今天过得怎么样”。我会敞开自己的内心，任由自己的意识向内心深处探索。

人生之中难免会遇到突发事件，需要人做出重大的决策。但越是这种时刻，其实越需要独处静思。此时做的错误决策很可能会让人迷失自我，甚至把人生引向歧途。若想避免这样的后果，我们有必要每天给自己 5 分钟时间独处，以面对自己的内心，沉浸在自己的精神世界里。我们还可以每天给自己更多的时间找一家咖啡店，静下心来探索自己的内心世界。

第7章 — 独处的条件

只有能和他人深度交流，才能体验深层次的孤独。这是关于孤独的一种悖论。

现代人要想活得更加精彩，就要具备独处的能力。作为“孤独个体”生活，需要具备哪些条件呢？

我总结了以下九个独处的条件：

- 不要强求他人的认可；
- 做自己生活的主宰；
- 活在当下；
- 不制订无意义的长期计划；
- “人生的午后”更应关注内在；
- 把每一天都当成生命的最后一天去生活；
- 找到人生的使命；
- 找到能深度交流的人；
- 拥有个人时间与个人空间。

不要强求他人的认可

前文提到过，大多数人都渴望被别人认可，这是一种正常的心理需求。尤其是进入互联网时代，很多人都通过在社交媒体上获得“点赞”，寻求他人的认可。但是如果过度寻求他人的认可，就是讨好型人格。这样的人每天关注的都是如何获得外界的认可，久而久之便会迷失自我。

想要获得精神上的自由，必须确立坚定的自我价值感。这是不被他人的评价左右，真正实现自由生活的第一步。那么，我们应该如何确立毫不动摇的自我价值感呢？主要有三点：

第一，重新选择一种能体现自我价值的生活方式。人不管到什么年纪，只要敢于重新规划人生，就都不算晚。

有些人从小就没得到过父母的疼爱，所以他们常常否定自己，认为自己是没有价值的。但即使儿时没有得到过多的关爱，也不影响重新选择一种能活出自我价值的生活方式，更不影响在今后的生活中实现自我价值。

第二，尽量和那些对你的价值认可的人在一起。

受童年教育、环境影响而常常怀疑自我价值的人，他们身边的人也往往习惯于否定其价值。久而久之，他们甚至会觉得只有和否定自己的人在一起才安心。当有人否定其价值时，他们反而会再次确认自己的想法——“我果然毫无价值”。要和认可你价值的人在一起。尤其是在选择恋人或伴侣时，应该更加慎重。

第三，要有被讨厌的勇气。即使被人讨厌也要泰然自若，本来一个人就不可能被所有人都喜欢。选择和能相互理解的人相处，不要害怕被人批评。

做自己生活的主宰

小时候，我们只有在父母的庇护下才能生存，所以习惯于满足父母的期望。

很多有依恋障碍的人，从小习惯了为满足父母的期望而生活，长大之后也总会尽量满足别人的期待。但如今我们已经长大成人，完全不需要为了满足别人的期待而生活了。

从现在起，就和满足他人期待的生活方式告别，为自己活一回吧！

哲学家保罗·蒂利希有一个“存在的勇气”（the courage to be）理论。他认为生存即选择。人生就是在不断的选择中一步步前进的。一个戴着童年枷锁生活的人会在不知不觉间选择有童年印记的生活方式。

我们要意识到，“不知不觉的选择”是真实存在的。要把“不知不觉”化为“先知先觉”，最后重新选择自己的生活方式。

另外，有的人喜欢在生活中不断和人攀比，这样的人，容易丧失价值尺度，从而使内心受到他人的左右。因此，想要主宰自己的生活，作为“独处的个体”好好生活，就要摒弃这一做法。

活在当下

不念过往，不惧未来，不负当下。有个女性朋友讲述了她与母亲的矛盾，她告诉我："妈妈从小就不疼我，所以我到现在都不知道怎样才能幸福。"这就是活在过去，放弃了活在当下的机会。

也有很多人只喜欢空想未来，但从来不采取行动。他们总是"这也想试试，那也想试试"，30 岁、40 岁甚至 50 岁还在拼命逃避现在。

不论是活在过去还是空想未来，他们都在逃避现在的过程中逐渐偏离了自己的人生轨迹。

我们要怎样摆脱过去和未来的精神束缚，只活在当下呢？以平常心看待一切事物。要知道，即使是一遍遍地思考过去和未来，人也还是始终活在现在。

不要总是强迫自己必须把目光集中于当下，而是应该理解自己。先要承认自己的执着，才有机会摆脱执着。

活在当下，先要解决过去的人生问题。

有依恋障碍的人一般有两种人格类型：一种是回避型人格；另一种是冲动型人格。我们的人格往往在童年期就开始形成了，之后在父母、老师及朋友的影响下逐渐最终形成。

如果你是回避型人格，总是避免和他人产生亲密的关系，应该拿出勇气与人亲近，从人生的冒险中不断地学习。反之，如果你是冲动型人格，就一定要做到交友谨慎。

不制订无意义的长期计划

斯坦福大学教育和心理学教授约翰·克虏伯曾经提出过一项“计划性巧合理论”的职业心理学理论，也被称为“幸福偶然论”。

克虏伯本身也是一位商业精英，他回顾自己的职业生涯并对成功的两种原因进行了分析：一是成功是偶然的；二是成功来自有计划的努力。结果是80%的成功来自偶然事件，而来自计划性努力的成功仅占20%。

幸福的人常能保持思维开放并发现人生中偶然的机遇。比如你正在逛书店，随手拿起一本书，就可能会改变你的人生。

克虏伯还采访过一些成功人士。他发现，这些人很喜欢说“我偶然……”他们明白，人不可能单靠自己就能生活，还要感谢生命中的偶然机遇，怀着敬畏的心敞开心扉，人生才能更精彩。

如果想要敞开心扉接纳偶然，就要杜绝制订那些无意义的长期计划。我们在人生的每一天都可能遇到各种偶然。如果总是煞有介事地制订无意义的长期计划，难免会被计划束缚，而与转瞬即逝的机遇失之交臂。

人生的午后更应关注内在

心理学家荣格将人生分成幼年期、青春期、青年期、中年期和老年期。他指出，一个人到了成年，为了适应社会就要付出代价，即收敛自己的自我意识。来找他咨询的人很多是取得了成功的中年人，但他们认为自己的人生很不完美，找不到人生的意义。

荣格认为，这便是人到了“人生的午后”阶段所面临的难题。在人生的后半程，人们更应该反观内心，寻找人生的意义。

对于现代人而言，40 岁相当于人生的“正午时分”。40 岁之前的时间是人生的“上午”，在此阶段，人的任务是取得外部成就，比如结婚成家、生儿育女，或者求职工作、升职加薪。

但到了不惑之年，人生就正式进入了“午后时光”。

40 岁之后，包括我在内的很多人都会感到力不从心。最明显的一点就是熬不了夜了。熬一次夜，可能会影响一天的工作。也许这就是人们常说的“人过四十天过午”。

但与此同时，我们的经验也变得十分丰富，内心也愈发成熟。外部的成就已经达成了，子女也都长大了。接下来，我们就要开始踏上人生的后半程了。此时，我们不再渴望外界的刺激，而是追求内心的平静，不断追问人生的意义。

换言之，是时候面对自己真实的内心了。这看似一件容易的事，但落实到行动上却会遇到很多困难，各种社交软件都会让我们分心。

可以试试每天给自己 5 分钟时间，用来专注于和自己的内心建立联结；或者每周安排更长的时间，隔绝外界的刺激，在特定地点进行一次探索内心的体验。

把每一天当成最后一天去生活

没有人知道自己的生命会在哪一天结束。特别是中老年人，很容易担心这样的问题。

人生最重要的不是活了多长时间，而是在离开时不会留下遗憾。如果总是认为想做的事还来得及做，就会陷入拖延的怪圈。

我们不妨回想一下 5 年前的自己。5 年前，你一定有过“我想做这件事”的想法，但 5 年之后的今天，那些想法我们实现了多少？恐怕很多人连其中的一半事情都没做到吧！

要想到生命的最后一刻不后悔，我们就要把每一天都当成生命的最后一天去努力生活。

2018 年上映的美国动画电影《寻梦环游记》为我们展现了墨西哥“亡灵节”的传统。在“亡灵节”时，人们载歌载舞地祭奠亡灵，纪念死亡，也提醒人们生命的宝贵。

临终关怀运动先驱伊丽莎白·库伯勒·罗斯在她的一篇文章提到，她看护的一位老者特别喜欢大海，在海边盖了一栋房子。老者临终前表示，“还想再看一眼大海”。伊丽莎白问他：“您晚年不是经常看大海吗？”他回答说：“我确实住得离大海很近，却一次也没有发自内心地看过大海。”

这个故事给予我们的启示是，我们每天都会做的事，可能没有一次是真的做到。如果我们总认为还有时间，就可能永远失去机会。我们需要马上行动。

存在本身就是一种生命的波动，人是偶然进入这个世界的。在我们出生之前，生命已经存在，死后生命又回到原点。或者说，如今的这个“我”不过是假托形骸而已，真正的“我”就是“生命”本身。我们要在当下的每个瞬间都用心生活。

人的寿命不过几十年，可谓转瞬即逝。其实能够为人一世，本身就是一个奇迹。我们需要告诉自己，此时此刻便是奇迹的瞬间，之后的每时每刻都要全心全意地生活。

找到人生的使命

为了让人生过得充实而深刻，我们要找到自己与生俱来的使命。亚伯拉罕·马斯洛发现，具有优秀品格的人都有相似的特质。其中最重要的特质有两个。

第一是能享受独处的时光。拥有优秀品格的人都有独处的能力，可直面自己的内心；都会花一定的时间与自己的内在建立深度联结。

第二是能找到自己一生的使命。他们不再关注个人的需求，不再关注自己是否能够得到社会认可，他们更关注内心的充实。

能获得幸福的人和无法获得幸福的人的差距在于，能否发现值得为之付出一生的人生使命。一旦一个人发现了自己的使命，并为之奋斗终生，那么他就已经得到了九成的幸福。

维克多·弗兰克尔认为，人生是横向价值和纵向价值的交叉。

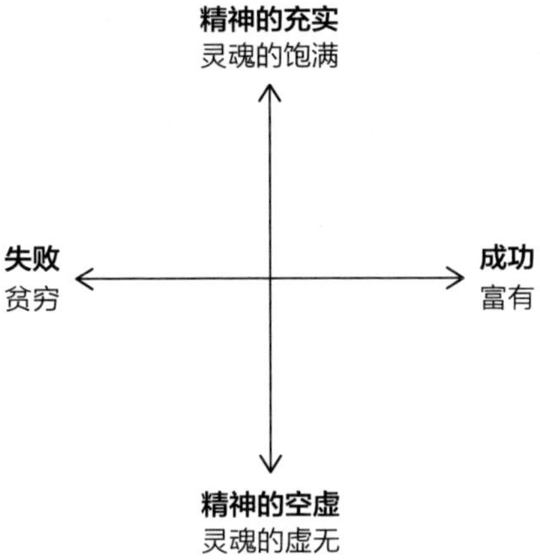

图 7-1　横向价值和纵向价值

如图 7–1 所示，横轴是衡量成功或失败以及经济上富有或贫穷的尺度，代表人生的横向价值。很多时候我们都喜欢和他人比较，但如果我们把和他人的横向比较产生的价值当作人生的全部，就绝对不可能得到真正的幸福。

真正幸福的人生需要的是弗兰克尔倡导的纵深价值。所谓人生的纵深价值包括“精神的充实或空虚”“灵魂的饱满或虚无”。它关乎人生的深层内涵，包含了幸福必不可少的条件。只有把人生的重心从横向的价值转向纵深的价值，一个人才可能获得真正的幸福。

一个人只有如此，才不会总被成功与否、经济上是否富有等凡俗琐事牵绊，从而投入自己的人生使命中。

每个人降临世间，都有一个与生俱来的使命，如同烙印般铭刻于心。很多人表示，他们终于找到了人生的使命；而且在内心深处，总觉得和这个“任务”似曾相识。这反而不像发现了人生使命，而像终于“回想”起了人生使命。

找到能深度交流的人

虽然我在本书中一再强调独处也可获得幸福，但很多人都能体会到独自生活的苦楚。由于生活过于孤独，有些人甚至会染上酗酒和赌博的恶习。

我们到底该如何独处？要脱离舒适区，和他人进行深度交流。

脱离舒适区，即我们不再过多地关注他人的看法，不再继续保持讨好型人格。要想做到这样，我们就需要确立毫不动摇的自我价值感。

同时，人类是一种寻求在心灵深处和他人达到交融的动物。一个人能深度交流的人并不需要很多，两三人足矣。无论是朋友还是恋人，在一起心意相通就很美好。

只有能和他人深度交流，才能体验到深层次的孤独。这或许是关于孤独的一种悖论。

拥有个人时间和个人空间

心理咨询是一种深度审视内心的行为。一般的心理咨询时长大约是 50 分钟，时间地点固定，咨询师和访客对坐而谈。

如果我们自己能花 50 分钟时间审视自己的内心，脑海里可能就会跳出属于自己的关键词，能发现什么对自己来说才是最重要的。这样才能调整自己的生活方式，找回原来的自己。

可以找一个专属的个人空间，在那里和自己的内心建立联结。比如，去我们经常光顾的咖啡馆，总有那么一家能让你心平气和地面对自己内心的咖啡馆。酒吧也是一个选择，在酒吧里点上一杯饮品，任想象力自由驰骋。

我最喜欢一个人在东京巨蛋酒店顶层的休息室边喝

鸡尾酒边发呆。看着夕阳、摩天轮，还有飞驰而过的云霄飞车……中央线和总武线在地面纵横交错。伴着窗外轻微的噪音，我便能陷入沉思。在涩谷 Scramble Square 十字路口边的咖啡店，虽然身处拥挤嘈杂的街头，我也能发呆小憩。

在自己喜欢的河畔、湖边或者海边发发呆也不错。或者去一些景点，比如神社或寺庙。我每年都要去几次伊势神宫，特别是伊势神宫的内宫。我喜欢伴着夕阳余晖，在那里独自漫步。东京一带，我最喜欢去神乐坂的赤城神社。这个位于市中心的神社出自隈研吾之手，他还曾经设计过新国立体育馆。神社建于神乐坂的最高处，一到傍晚，人们便可以去那里在喧闹中寻求安静。

如果实在找不到这么合适的地方，也可以在家里找一个适合独处的空间。不少人都会在家里的浴室放松片刻。阳台也是一个备选地点。

如果公司有这样的空间让员工独处，就可能提高员工的创造力和想象力，从而使整个团队的效率大大提升。

第8章

倾听内心的声音

面对人生的种种问题，我们不应该随波逐流，而应该在内心深处找到满意的答案。

与内心建立联结

我们可以采用聚焦疗法和自己的内心建立联结，倾听内心的声音。这套方法由尤金·简德林开创，并传播到世界各地，目前在日本已经十分普及。

简德林师从卡尔·罗杰斯。卡尔·罗杰斯初步创立了心理咨询的基本模式，即真诚且深度的倾听，并在世界各地实践这一模式。在心理咨询的过程中，咨询师需要集中精力倾听来访者的心声，来访者要集中精力保持和自己内心的深度联结。

简德林十分赞成罗杰斯对心理咨询的理解。他在攻读博士学位期间的研究课题是“人生体验的象征化”。他兴奋地发现自己的研究与罗杰斯的理论不谋而合，于是便拜在罗杰斯门下。

罗杰斯和简德林在共同研究中发现，成功且深层次的心理咨询可以让来访者的内心发生变化。来访者在沟通时要关注自己的内心情绪，这样才能获得新发现，并调整正自己的生活方式。而关注这一现象，并将其提升到技术层面的正是聚焦疗法。

聚焦疗法可以应用在很多方面。比如，不知道今后该怎么生活的时候，可以“询问”自己的内心；或者想知道自己能不能和正在交往的男生走进婚姻殿堂，同样可以向内心寻求答案；又或者犹豫该不该跳槽，也是聚焦疗法的用武之地。只要平心静气地去倾听内心的声音，就必然会得到答案。

从关注内在感受开始

聚焦疗法首先关注人的内心感受，这种感受被称为“感知”（felt sense）。

图 8–1 中的①部分展示了人们无法建立感知，也就是无法倾听自己内心的声音时的状态。我的很多读者都是商务人士，比如工作在销售一线的人。如果他们的感知出现了问题，可能就会难以继续从事销售工作。因为他们会先入为主地认为自己没办法倾听内心的声音。他们习惯了和自己的内心世界隔绝，久而久之就更难和自己的内心建立联结了。

图 8–1 的②部分正好相反，图中的人物长时间沉浸在“悲伤”“愤怒”的状态里。他们常常会因觉得自己“没用”而默默哭泣，或者会大动肝火，咆哮“受够了”。

女性有这种情况的比例较高。人处于这种压抑状态时，就好像浸泡在悲伤的海洋里。

图 8–1 的③部分展示了自我激励的状态。在这种状态下，人们常常会鞭策自己“要再优秀一些”。如果一直保持这种状态，就一直不能接受自我。很多完美主义者都有这个问题，他们一直都在奔波忙碌，一直都达不到自己的目标。

我可以用大人和孩子的关系来打个比方，这样可以更好地理解不能自我接受的状态。比如，一个五岁的小孩不知所措地站在那里，如果你对他说“喂！你干什么呢”，他肯定会窘迫地一句话都说不出来。

图 8–1 的④部分展示的是聚焦疗法。我们继续用刚才的例子来说明，如果我们见到一个正在苦恼的孩子，就应该看着他的眼睛问：“孩子，你怎么了？”然后默默地等待孩子开口。

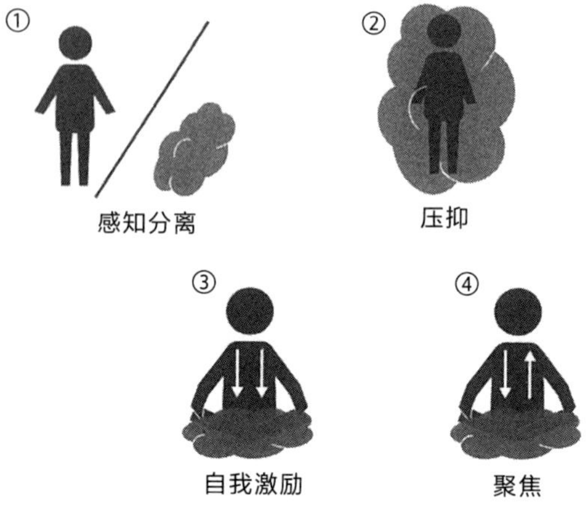

图 8-1　聚焦疗法

首先，不要指望让内心“主动开口”；其次，对自己内心“提问”时要尽量温柔；最后，要默默地等待内心“告诉我们答案”。这样，我们才能和内心建立联结。

按下内心的暂停键

聚焦疗法的第一阶段是“按下内心的暂停键”。我们的生活非常忙碌，总会觉得这也要做，那也要管。而且我们常常觉得必须这样，必须那样。结果就是会陷入图 8–1 的②部分的状态。但如果一直激励自己，可能就会和自己的内心隔绝。

首先，我们要摆脱想对自己说话的心理状态，“按下内心的暂停键”，让时间静静流淌。

接纳内心的感受

聚焦疗法的第二阶段是接纳内心的感受。

聚焦疗法中的这个环节也叫作“清理空间”，就是在内心创造一个空间，腾出一片区域。此时不论内心有什么感受，都接纳它。

可能你会出现“我有很多缺点”“我可真没用”之类的想法，对此先不要否定或肯定。相反，你也要想原来我也会有这种想法啊，对自己的胡思乱想听之任之。不追究、不分析原因，不管有什么感受，都先保持一定的心理距离。

等待内心的“回答”与回应心声

聚焦疗法的第三阶段要求我们向内心温柔地“发问”，并等待内心的“回答”。如果得到“回答”，就先接纳这些感受。一旦发现自己和内心的距离太近就立刻调整。然后，你就可以进入第四阶段了。

比如在第三阶段，问问自己“最近有什么感受”，哪怕内心给出的“回答”是“我对什么都提不起兴趣”，也要先接受这个感受。此时你可能会想到“之前我很喜欢钓鱼发呆，我感觉很安心。也许再去钓鱼，就会找回原来的自己”。也可能会想到“比起钓鱼，我更喜欢写日记，读日记，这样能发现自己的变化。或者以后开始重新写日记吧”。

反复问自己“什么才是现在最需要的”，直到追寻到最根本的答案。这是聚焦疗法的最后一个阶段。

在咖啡馆尝试聚焦疗法

下面举一个聚焦疗法的例子。可以选择某一天去咖啡馆尝试聚焦疗法，比如问问自己“现在有什么不满意的地方”。

第一步，“按下内心的暂停键”，暂停当下的心理活动。

第二步，向内心发问“最近到底有什么不满”。脑海里可能会涌现“最近想去喝一杯，但是没有机会”“好想谈恋爱”之类的想法。此时对任何想法都不要进行分析，接受即可。

第三步，反复追问“内心感受”。向自己的内心继续发问“我到底不满意什么”。这就好比钓鱼，钓鱼需要等待，如果有鱼儿上钩就要立刻提竿收线。

第四步，对得到的“回答”，发自内心地接受。反复问自己，反复修正，直到找到最根本的答案。也许你想到的是“我想要收集点什么”，但搞不清自己到底要收集什么。可能思来想去，发现竟然想收集小时候玩的假面超人卡。哪怕别人觉得这太孩子气，只要自己能获得内心的满足就没问题。

聚焦疗法帮你思考人生问题

下面我们尝试用聚焦疗法思考一个具体的人生问题——是否要跳槽。

如果平时想这个问题，那么多半会考虑“家里一年的开销是多少”“孩子快上大学了”等实际问题。现在先暂停这些心理活动，进入倾听内心的声音的状态。

接下来，我们的脑子里会涌现各种想法。比如“什么工作更适合自己”“自己真正想要从事的职业到底是什么”。不管是什么想法都先接受。

再之后就要等待内心给出“回答”。可能思来想去觉得销售工作更适合自己。此前可能一直觉得自己不擅长和人沟通，所以会避免做销售工作，但最近发现自己其实也可以变得擅长和人沟通。

然后，再次和内心确认“自己真的想做销售吗”，如果答案是“是的”，那最终就可能做出会转行的决定。聚焦疗法就是让忙碌的人们停下脚步，慢慢和内心重新建立联结的方法。面对人生的种种问题，我们不能总是随波逐流，而应该从内心深处寻找到真正让自己满意的答案。

第9章 — 孤独的天才

如果一定要花时间和别人共处，那我就要用N倍的时间来独处。

孤独的哲学家

孤独的人不一定能成为哲学家，但哲学家一定是孤独的。

有的哲学家比较注重精神平衡，比如苏格拉底。苏格拉底式对话十分有名，他通过哲学对话让对方领会真理。苏格拉底常常会在广场随便“抓住”一个年轻人就和对方展开讨论，而不是通宵达旦地和对方谈“什么是爱”“什么是道德”“什么是正义”之类的话题。负责记录这些内容的是他的弟子柏拉图。

康德同样是注重精神平衡的哲学家。据说他会每天准时在同一条街上散步。他给人一种睿智而严肃的印象。但他认为一个人吃饭对身体不好，为了保持精神上的平衡，他尽可能和别人一起用餐。

有些哲学家则不太注重平衡感。比如尼采和克尔凯郭尔。尼采 25 岁那年就已经成为瑞士巴塞尔大学的教授，但从 35 岁到 45 岁的 10 年间，他冬天在意大利生活，夏季到瑞士居住，像一只候鸟似的过起了迁徙的生活。他的《人性的，太人性的》一书只卖出了 120 本，但他丝毫没有气馁，接着又写成了名作《查拉图斯特拉如是说》。他在书中写道："我生活在深深的孤独中的原因之一就是了解别人不知道的事情，并不再被他人的认同与否而左右。"

尼采可以称得上是孤独的天才。生前他寂寂无闻，作品无人问津，但他还能保持强大的自信和毫不动摇的自我价值感。在创作过程中，他坚信"早晚有一天会有人明白我的思想"。

孤独的赞歌

尼采身患重病时，医生劝他结婚。他也觉得，如果结婚能让自己的病情好转，那就可以选择结婚。但是他居然给一位只认识几个小时的女性发了求婚信，而且几乎是同时向两位女性求婚。结果其中一位女性选择无视，另一位女性则当场拒绝了他。

尼采在给友人的信中表示，他终其一生的努力，都是为了在一个房间里得到孤独。可以说，尼采的哲学是从深层次的孤独中孕育出来的。

尼采在《瞧！这个人》中写道："我需要孤独，我是说回归自我，呼吸自由的、令人轻松愉快的空气。《查拉图斯特拉如是说》全篇都是我献给孤独的热烈赞歌。"

然而，《查拉图斯特拉如是说》也不过售出了几本而已。尼采写书并不是为了让很多人理解，而是写给极少数真正能看懂的人的。

迄今为止，我参与出版的书籍差不多有 200 本。但我真正感到被人理解只有三回。我收到了三位读者写给我的信，虽然我和这三个读者素未谋面，但我读了他们的信后，认为他们是真正理解我的。

永恒的爱

我们再来讲讲“存在主义之父”克尔凯郭尔。他曾感叹：“我也想和耶稣一样，在 33 岁那年就死去。但是我过了 33 岁却还活在世上。”

克尔凯郭尔 26 岁时和一个叫雷吉娜的姑娘坠入爱河，最后二人终于约定了终身。但笃信基督教的克尔凯郭尔认为自己已经许身神明，很快又提出了解除婚约。

事实上，在定下婚约的第二天，克尔凯郭尔就开始后悔。随后他开始创作《诱惑者日记》，在书中他向雷吉娜忏悔了自己的行为。为了让雷吉娜觉得“和你定下婚约的是这么个登徒浪子”，他在书中写满了男性诱惑女性的情节。

把书交给雷吉娜后，克尔凯郭尔觉得这下对方应该会死心了。可在教会上又一次见面时，雷吉娜又冲克尔凯郭尔点了两下头。克尔凯郭尔就认为“我的书还是失败了。她对我还有感情”。为了彻底和雷吉娜一刀两断，他又开始了新的创作。

但之后克尔凯郭尔从柏林回国后，雷吉娜便和一位名叫施莱格尔的男子订了婚。这件事让克尔凯郭尔大为震惊。

之后克尔凯郭尔创作了一部名为《重复》的作品。在这本书中，克尔凯郭尔表示，他和雷吉娜之间的爱情虽然已经不能复活，但如果双方都能由内而外地自我革新，获得“新的自己”和保持宗教意义上的自我，两人便能得到永恒的爱。

克尔凯郭尔 42 岁离世，终其一生都没能获得美好的婚姻。他把自己的生命献给了神，坚持创作宗教相关的作品。

尼采和克尔凯郭尔的一生都是孤独的。但正因为这种彻底的孤独，他们才提出了新的思想。也正因为他们把自己逼入了绝境，才创造出新的理论。

对我来说，生活越是艰辛，越有必要总结自己的人生。因此，我要用孤独的力量继续创作。

独处的智慧

蒙田是长篇随笔《随想录》的作者，他提出过关于孤独的重要理论。

蒙田长年在蒙田城堡独居。他家境富裕，是精英中的精英。他曾经连续 13 年担任类似现代法官的职务，但却在春风得意时选择了急流勇退。在 38 岁那年，他把自己的想法用法语写在了书房的墙壁上。

1571 年 3 月 1 日，即米歇尔·德·蒙田 38 岁生日前，他尚且精力充沛，但已经在如同卑微奴仆般的生活以及官职负担的重压之下，内心变得支离破碎，因此他下定决心让心灵再度获得安适，如同求学的少女。遂将这代代相传的宅邸交托给命运。从此他将在这静谧的庇护所度过后半生。

随后，蒙田过起了专心读书的生活。

我认为蒙田也有依恋障碍。蒙田和母亲的关系很不好，据说是因为蒙田的父亲喜爱蒙田，让母亲感到嫉妒。蒙田在 33 岁时，和比他小 11 岁的富家千金结了婚。但结婚不到半年，他的妻子便出轨了他的弟弟。之后，蒙田身边又来了一群狡猾的仆人。但他一直过着极为孤独的日子。

其实蒙田不是天生的隐士，并不讨厌和人交往。他最后还是没能耐得住读书生活的寂寞，便开始了《随想录》的创作。

《随想录》中的“论孤独”一章常常被心理学文献引用：

人当有妻有子，拥有财产，拥有健康。但人生不能仅限于此，不能完全被这些事情束缚。人还必须有一个隐秘的空间，在那里你可以完全属于自己，获得真正的自由。

那么，人在孤独之中又当如何自处？蒙田告诉我们："首先要给自己安排一个独处的空间，然后把精力集中在自己身上。"

蒙田还说过，取悦自己，爱护自己，而不压抑自己。这是享受孤独的智慧。

不开音乐会的钢琴家

我介绍的最后一位孤独的天才是加拿大天才钢琴家格伦·古尔德，他被誉为 20 世纪最伟大的钢琴家之一。

古尔德 50 岁时便离开了人世，他曾经录制过两版巴赫的哥德堡变奏曲。他年轻时录制的版本和临终前录制的版本很不一样。年轻时的录音开头部分的咏叹调的演奏时长为 1 分 52 秒，而晚年时这部分的演奏时长则达到了 3 分 4 秒，乐声听起来更为悠远而舒缓，如泣如诉。

爱听音乐的朋友告诉我，小泽征尔曾经对古尔德诠释的巴赫作品做过如下评价："他其实是自己在作曲。"

古尔德 23 岁便在美国第一次登台演出，随后开始在全美各地演出，取得了一致好评。芝加哥大学哲学系教授丹尼斯·达顿断言，在 20 世纪的音乐家中，今后 500

年都不会被遗忘的只有格伦·古尔德。

但古尔德从33岁开始，就决定不再举办音乐会，理由是这让他感觉“自己就像个街头艺人”。此后，他一头扎进录音室录制音乐，一直是在位于加拿大多伦多的工作室工作。他独自在当地酒店居住，深居简出，几乎不和别人见面。在休息日，他白天会紧闭门窗在房间里休息，直到夕阳西下才会醒来，过着昼夜颠倒的生活。

保护自己的“小宇宙”

我很理解古尔德急流勇退的心情。一个人经常在一大群人面前演奏，不知不觉就会去迎合听众。我觉得他肯定是厌倦了这一切，才想专心在录音室里工作。

古尔德很不喜欢空调。即便是在炎炎夏日，只要进了空调房，古尔德就会穿上风衣，围上围脖，甚至还要戴上手套。我也不喜欢吹空调。如果是在空调温度过低的会场演讲，即便是夏天我也要穿上外套。不管是外套、围巾还是手套，这些都是保护自己的“小宇宙”的工具。

除了几个信得过的人，古尔德几乎不和任何人交流。他有过一个和他共同生活了一段时间的情人，名叫柯内莉亚·福斯。因为古尔德对柯内莉亚的控制欲太强，所以柯内莉亚总是会跑回自己家。

古尔德虽然享受孤独，但他也真切地渴望他人的理解和与他人相知相守。对我而言，他是那么亲切。因为我同他一样热爱孤独，想要活出自我，只和少数深度契合的人交流。

独处是幸福人生必不可少的条件

古尔德曾说："孤独可以培育创造性，而一团和气则会消磨创造性。"他还说过："如果一定要花时间和别人共处，我就要用 N 倍的时间来独处。"《格伦·古尔德：孤独的咏叹调》一书中写到，在 1946 年多伦多皇家音乐学院的演讲中，古尔德对学生们说："人要学会独处，这是为了能让你沉浸在寂静之中，感受音韵。"这场演讲发表于他开的最后一次音乐会之后，台下的听众都是他的学生。最后，古尔德告诉他们，独处才是幸福人生必不可少的条件。

后记
接纳孤独

我是孤独的。

我一天中 95% 的时间都是独自度过的。工作也多是独立完成的。我最重要的工作就是写书。我一个人思考，再把所思所想落到文字上。写作者如果不能保证孤独的状态，根本无法完成写作。

我是孤独的。

我的私人时间也几乎都是一个人过的。一个人吃饭的情况占了 95% 以上。我家住神乐坂，周边有很多法国和意大利餐馆。我每天伴着周围嘈杂的人声，在餐馆的一个角落里独自用餐。

我是孤独的。

我 20 多岁时，被深爱着的女孩拒绝。她没有倾心于我，甚至无视我的存在。我信任的老师也并不认可我。这些痛苦的记忆对我来说一生都不能消散。我只能一个人踏上寻找人生使命的孤独旅程。

我是孤独的。

我从不认为有人能理解我，但又强烈地渴望有人能真正理解我。正因如此，我才参与了 200 多部作品的写作。这是一种强烈的“挣扎”，一种近乎疯狂的“折腾”。

即便是我的书，也常常会被他人粗浅地解读或者被读者误解。在写作这本书时，我在想，有没有人能通过文字而对我的孤独有一点点了解。这是我内心的一个小小的希望。

我也时常感到不安，不知道这样孤独地走下去，人生会变成什么样子。

我感觉自己像漂浮在一片无底的池沼上。我曾在深夜的街道上大声呼喊，甚至在极度崩溃时抱头苦思："活到现在，我到底做了些什么？"

在人生中，孤独常常如影随形，把人推向自我否定的边缘。自怨自艾也于事无补。不管多么孤独，我们都要完成人生的使命。

孤独是全人类共同的命运，试着去接受它，我们才能真正地理解孤独的意义。

人类都是孤独的。即便有家人、爱人的陪伴，我们的内心深处也永远潜藏着孤独。

人类自始至终都是独立的个体，一个人存在，一个人面对死亡。

人终究无法完全理解他人。

一旦我们能坦然地面对并接受这个事实，就能感受到纯粹的生命力。

接纳孤独，我们会觉得自己身边处处都是风景，处处都和自己紧密联结。

我并不是一个人在战斗。我有一个正在读大学的女儿。在我人生失意时，她会安慰我："老爸，别往心里去！"

我不是一个人在战斗。通过钻研学问，我将心理学的历史和未来与人类的历史和未来紧密相连。

我不是一个人在战斗。就算这个世界上没有一个人能真正地理解我，只要我将双手伸向天空，就能感受到那超越现实的存在以及它和我的联结。

我不是一个人在战斗。我并非永远一个人，其实我片刻都没达到过真正意义上的一个人的状态。在深深的孤独之中，和自己最深的内在建立联结时，我反而最能够感受和他人的联结。

只有在与内在建立联结，享受孤独的时候，才能感受到某种超我的存在。正因如此，孤独的天才们不仅能够深深沉浸在自己的内心中，还能忘我地投入自己的人生使命之中，日复一日地耕耘。

解开心灵的束缚，享受自由和解放的感觉。

在缓缓流淌的时光中倾听自己内心的声音。

每天忘我地投入自己的人生使命中。

和那些懂得深层次孤独的伙伴，以及和你保持亲密关系的少数人共同享受深入交流的时光。

孤独是最美的。

KODOKU NO TATSUJIN

ISBN：978-4-569-84051-2

北京阅想时代文化发展有限责任公司为中国人民大学出版社有限公司下属的商业新知事业部，致力于经管类优秀出版物（外版书为主）的策划及出版，主要涉及经济管理、金融、投资理财、心理学、成功励志、生活等出版领域，下设“阅想·商业”“阅想·财富”“阅想·新知”“阅想·心理”“阅想·生活”以及“阅想·人文”等多条产品线。致力于为国内商业人士提供涵盖先进、前沿的管理理念和思想的专业类图书和趋势类图书，同时也为满足商业人士的内心诉求，打造一系列提倡心理和生活健康的心理学图书和生活管理类图书。

《假如猫狗会说话：关于动物的哲学思考》

- 由拉斯·史文德森撰写的一本关于理解动物的新作。
- 本书从哲学角度思考了从法国哲学家因为赤身裸体站在浴室里被猫看到而感到羞耻，到动物是否会感到孤独等问题。

《写作即疗愈：用写作改写人生》

- 作者埃利森·凡伦是作家、演说家和写作教练。
- 要为生活打开新的局面，语言是你可用的最有力的工具之一。

《写作即思考：在写作中训练你的思维能力》

- 作者凯瑟琳·麦克米兰和乔纳森·魏尔斯分别在英国邓迪大学的学习中心和学术事务处工作，并且都拥有超过 25 年的教学经验。
- 本书通俗易懂的写作风格和书中的实际案例，不仅能让你领略到对不同的思维技巧的运用，还能对日常生活中常见的思维模式有更深刻的理解。

《底气：可持续的内在成长》

- 本书揭秘一流运动员、奥运会冠军、世界级商业领袖的内在思想，揭示了人们获得成功的关键动力和精神过程。
- 无论你是否是一个白手起家者、团队合作者或者公司领导者，你都可以应用这些已经验证的思维技巧到任何领域。

《我们与恶的距离：关于邪恶的哲学思考》

- 作者史文德森结合哲学、文学、心理学、神学和科学（生物学）以及流行文化对邪恶现象的观察，介绍了从古至今的关于邪恶的思想，试图解析出邪恶的根源和本质。
- 史文德森认为，只有将邪恶视为人性的一面，我们才能理解并对抗它。